改訂新版

読んで学ぶ 交通工学・交通計画

久保田 尚
大口 敬
髙橋 勝美 編著

理工図書

改訂版に寄せて

　本書を出版して10年が経過したいま，交通分野が大きな変革を遂げつつあります。

　ICT の急激な進展に伴い，ビッグデータの活用など，交通調査の内容や手法がすでに大きく変貌しました。そのことはまた，交通計画自体の変革ももたらしています。

　交通工学の分野においても，平面交差点の計画設計手法や生活道路対策など，著しい進展が見られた分野がいくつも存在します。

　さらに，歩行者や自転車の扱いをはじめとする，「人中心」のみちづくりの方向性が完全に定着するに至っています。

　これらを踏まえ，本書を改訂することとしました。

　執筆陣に新たに若手に加わってもらい，世の中の動きに敏感に対応するように努めたつもりです。できるだけ多くの方にお読みいただき，ご批判を仰ぎたく思う次第です。

　なお，これも世の中の流れとして，授業のほとんどをパワーポイントなどのプレゼンテーションソフトを利用するようになっています。それを考慮して，本書に掲載している写真や図のカラー版をご用意しました。大学や高専などで講義をされる先生方に無償で提供させて頂きます。ご希望の方は理工図書（https://www.rikohtosho.co.jp/）にお問い合わせください。

まえがき

　交通は，とても身近なものです。

　敷地の外を人や車などが移動することを「交通」と定義するならば，ほとんどの人が毎日のように交通を行っているはずです。仮に家を一歩も出ない日でも，宅配便が荷物を届けてくれたとしたら，宅配便業者による交通の恩恵を受けたことになります。宅配便が届かない日でも，表通りを通るトラックの騒音がうるさいと感じたら，交通からの影響を受けたことになります。

　このように，誰にとっても当たり前のような交通の世界なのですが，ひとたび，渋滞を解消しようとか，交通事故をなくそうとか，あるいは道路や鉄道の計画を立てようとかいったことを考えると，とたんに専門性のきわめて高い分野になります。

　本書が主に扱う道路交通に関しては，「交通工学」や「交通計画」という名前の講義が工学部の主に土木系の学科で講義されています。

　本書は，これから「交通工学」や「交通計画」を専門的に学ぼうとする学生に，「身近な交通」からの橋渡しをすることを目指して書かれました。ここで書いてあることを「読んで学んで」頂ければ，講義で学ぶことの意味や意義が理解できるように，入門的な内容をさらにかみ砕いて記述したつもりです。

　また，最近では，いわゆる専門家以外にも，まちづくりなどの場で交通にかかわる市民の方がたいへん増えてきました。そのような方にもぜひお読みいただき，各地での議論をより一層有意義なものにして頂ければと希望します。さらに，「他の分野から交通畑に異動してきたばかりの行政マン」など，交通に関わりを持ち始めたすべての方にお読みいただければと思っています。

　本書は，編著者である久保田，大口，髙橋の3名が，ディスカッションを繰り返して構成案を決め，他の著者とともに分担して執筆したうえで，さらに議論を重ねて全体の調整を図りました。執筆分担は次の通りです。

　久保田尚（埼玉大学）：1.1，4.1，4.2，4.3，4.5，5.1，5.3，6.1，6.2

　大口　敬（東京大学）：第2章，4.4，4.6，5.2，5.4

　髙橋勝美（仙台市役所）：1.2，第3章，4.5，6.3，6.4，6.5，6.6

石神孝裕（計量計画研究所）：3.1，6.5

稲原　宏（計量計画研究所）：1.2，6.6

井上紳一（計量計画研究所）：3.3

加藤昌樹（計量計画研究所）：3.3

小嶋　文（埼玉大学）：5.3

佐野　薫（建設技術研究所）：3.2

須永大介（中央大学）：3.4

高砂子浩司（計量計画研究所）：4.5，6.4，6.6

平見憲司（計量計画研究所）：4.5，6.4

福本大輔（計量計画研究所）：3.4，6.3，6.5

ただし，本書で記述されている内容の最終的責任は，編著者の3名が負っています。

　ひとりでも多くの読者に，「交通工学」や「交通計画」の面白さを感じてもらい，この分野への関心を深めていただくことができれば，著者として最大の喜びとするものです。

著者を代表して　久保田　尚

目　　次

1章　序章

1.1　交通工学・交通計画の役割と本書の狙い

1.1.1　わが国の交通の過去と現在

　明治5年8月，ロンドンに到着した岩倉使節団は，高架橋や地下を鉄道が走り回っている都市の姿に驚愕します。

岩倉使節団

ロンドンの地下鉄[1)]

写真1.1

　すでにアメリカで，開通したばかりの大陸横断鉄道に乗り，国の経済を支えるインフラとしての都市間鉄道の重要性を痛感していた岩倉たちは，都市交通手段としての鉄道の可能性にも気づいたことになります。ご存知のように，岩倉使節団には，団長岩倉具視をはじめ，大久保利通，木戸孝允，伊藤博文など，その後の日本の礎を担ったトップリーダーたちが参加していましたので，この瞬間に，鉄道国家に向かう明治政府の方向性が決まったといっても過言ではありません。

　そして，この決断が，現在に至るまでの日本の交通事情を大きく決定付けた

ともいえるのです。つまり，明治以降，都市間および都市内交通手段としての鉄道は大きな発展を遂げ，現在でも，新幹線はもちろん，東京など大都市における鉄道網は，世界に冠たる水準を保っています。しかしその一方で，道路については，多くの人々の長年の努力にもかかわらず，まだまだ世界の水準には程遠いといわなければなりません。都市環状道路の未整備，幹線道路の未完成，危険な生活道路など，解決すべき課題は数多く残っているのです。

　鉄道については，明治政府は明治維新からわずか5年後の明治5年（1872年）に，新橋・横浜間に最初の鉄道を開業させ，人類史上の奇跡のひとつとも言われました。その後も，明治22年（1889年）に東海道本線が新橋・神戸間の全線で開通するなど，各地で鉄道建設が精力的に進められました。また，当初は馬車鉄道が，また20世紀初頭からは路面電車が普及し，都市内交通の担い手としての鉄道の整備も進められました。さらに，明治37年（1904年）には国鉄としては初めての電車運転の開始，昭和2年（1927年）には初の地下鉄開業（浅草・上野間）など，技術の進展や社会のニーズによる著しい発展を遂げてきました。

　一方，道路については，明治10年（1877年）に完成した銀座煉瓦街計画の一環として整備された広幅員（15間，27.27m）の銀座通りといったごく一部の例外を除き，体系的な整備がきわめて遅れてしまいました。明治21年（1888年）になって，ようやくわが国初の都市計画法制度というべき東京市区改正条例が制定され，道路や橋梁などを計画・建設する制度が整いましたが，予算制約のため，事業はなかなか進みませんでした。

　大正8年（1919年）になって，後藤新平らの尽力により，ようやく全国的な法制度が確立しました。すなわち，この年には，都市計画法，市街地建築物法（建築基準法），そして道路法という非常に重要な法律が3つ成立し，その後のわが国の都市計画や道路建設の法的基盤となっていくのです。

　その後，大正12年（1923年）に関東地方を襲った関東大震災の後に実施された帝都復興事業によって東京都心部の道路網が作られるなど，東京は徐々に近代国家の首都としての基盤を整えていきました。

しかし，放射方向の道路の整備に比べて環状道路の整備が著しく遅れ，現在もなお整備が完了していないことなど，世界の他の首都に比べて見劣りする状態が改善されていません。ましてや，東京以外の都市や都市間道路の整備については，第2次大戦後の復興事業の中でもなかなか整備が進まない状況が続きました。

ここで，少しだけ歴史のIfにお付き合いください。もし，明治維新があと50年遅かったら，現在の日本はどのような社会になっていたでしょうか。

実際の明治維新は，1868年です。スチーブンソンが蒸気機関車「ロコモーション号」を開発したのが1825年でした。ロンドンに地下鉄が開通したのが1863年，アメリカ大陸横断鉄道が開通したのが，さきほど述べたように1869年ですから，欧米で，交通の主役が，馬車から鉄道に大きく変わりつつあった，まさにその時期に当たるわけです。その50年後というと1918年ということになります。実は，この50年の間に交通の世界で，ふたつの大革命が起こります。1886

写真 1.2 T型フォード[2)]

フォードは，A型から試作をはじめ，T型まできてようやく成功しました。1908年に販売を開始し，1914年に大量生産を開始しました。

年のダイムラーによるガソリン自動車の発明，そして，それに勝るとも劣らないのが，フォードによる1914年のベルトコンベアによる自動車の大量生産方式の発明です。特に，自動車の大量生産方式の確立で廉価な自動車が大量に市場に出回るようになり，それまでお金持ちのいわば道楽の手段であった自動車が，一気に交通の主役に躍り出ることになります。フォードは，1908年に販売を開始した「T型フォード」を，この方式で大量生産し，1927年までにアメリカで1,500万台も販売したということです。他の自動車メーカーも追随し，1929年にはアメリカの総生産台数が年間500万台を超えるにいたりました。これに伴い，アメリカでは道路整備が急速に進むこととなりました。

　もし，岩倉使節団が50年遅くアメリカを訪れていたとしたら，使節団は，まさにそのような国家の姿勢や都市の姿に直面したはずです。そのとき政府の方針はどのように変わっていたでしょうか。おそらく，「交通の主役は自動車，そして道路整備」となったのではないでしょうか？そして，1920年代以降のアメリカのように，道路網の急速な整備が行われたのではないでしょうか。

　実際の歴史は，そうはなりませんでした。主要都市のほとんどが空襲で消失した第2次世界大戦後に計画された戦災復興計画も，資金難などのために思うように進ませんでした。結果として，例えば，昭和31年（1956年）に来日した有名なワトキンス調査団が，「日本の道路事情は信じがたいほどひどい」と断ずるほど，日本の道路整備は遅れをとりました。実際，国道1号でさえ，雨でぬかるんで自動車が走れないような状態だったのです。

雨でぬかるんだ国道1号　　　　　　　　制御不能の交差点
写真 1.3　ワトキンスレポートに掲載された「日本の道路事情」[3]

　ワトキンスレポートの前後から，道路整備特定財源や道路整備五カ年計画の制定など，道路整備のための法的・財政的整備が行われた結果，わが国の道路整備はようやく進んでいきました。

　ただ，車社会を前提としないまま高密度市街地がすでに形成されていたわが国に，あらたに道路網を整備するのは容易なことではなく，現在でも，まさに「道半ば」の状態にあるわけです。

　さらに，最近では，環境問題やバリアフリー，さらにまちづくりへの寄与など，交通に求められる機能が複雑かつ多様になってきています。歩行者や自転車のための空間作りなどはその典型といえます。

1.1.2　本書の狙い

　こうした過去と現状，そして未来への課題を多く抱えているわが国において交通にたずさわる人々，また，交通についてこれから学ぼうとする学生たちの入門書となることを念願しつつ，本書はつくられました。そのうえで，いくつかの狙いをもって構成しています。

　特に，交通にかかわる学問分野である「交通工学」，「交通計画」，そして「都市計画」のそれぞれについて取り上げるとともに，それらの関係を明確にすることを心がけました。

　「交通工学」は，主に自動車を対象としてその交通現象を物理学等に基づいて記述するとともに，交通の流れを安全で円滑に制御するための手法について検討するものです。道路の形状，交差点の形，信号，交通規制など，日常生活にきわめて身近な交通対策が，「交通工学」の成果に基づいて検討されているのです。

　「交通計画」は，将来の状況を予想しながら，長い目で見て必要な交通整備について考える分野です。交通需要予測という手法を基盤に置きながら，都市の将来のあり方にふさわしい交通のあり方を考えていきます。本書で主に取上げる道路計画のほか，駐車場計画，バスや LRT などの公共交通計画，歩行者や自転車のための計画など，交通にかかわる各分野を総合的に扱う総合交通計画を考えることが大切です。なお，最近では，交通計画においても比較的短期

の施策を扱うなど，交通工学との区分があいまいになりつつあります。特に，まちづくりという新しい舞台が登場して以来，「工学」とも「計画」とも言いがたい取り組みが求められるようになり，「交通まちづくり」という言葉が生まれました。詳しくは第6章をお読みください。

「都市計画」は「交通計画」と深い関係を持っています。もちろん，土地利用計画，公園緑地計画などの都市計画の個別分野のひとつとしての交通計画という意味が大きいのですが，法制度上は，交通計画の中の道路計画は，都市計画として位置づけられることによって，はじめて法的な計画となるのです。この点については，第4章に詳しく記載しました。「都市計画」と「交通工学」の関係は，これまではあまり明確ではありませんでしたが，今後，都市計画道路の見直しが本格化する中で，関係がさらに深まるものと思われます（詳細は，4.3.5「都市計画道路の見直し」をご覧ください）。

本書の構成について確認しておきます。まず2章では，「交通の流れを円滑にする」と題していわゆる交通工学の分野に関して最低限必要な知識を記述しました。一見複雑な数式や図が多数登場しますが，ゆっくり読めば必ず理解できるはずです。入門編とはいえ，第2章の内容を理解できれば，「交通工学」の必要な知識はかなり習得したといってもよい内容になっています。

第3章「将来の交通需要を予測して計画を立てる」は，「交通計画」の分野に関する入門的な内容であり，計画策定手順，交通調査，交通需要予測という交通計画の基本中の基本が述べられています。この章も，「交通計画」を習得するための基本は，ほぼ網羅しています。

第4章「将来予測に基づいて道路を計画し設計する」では，まず，第3章で述べた将来需要予測の結果に基づいて，それを，「都市計画」の一部である都市計画道路として法律的に位置づけるまでのプロセスについて述べます。「交通工学」と「交通計画」の両方で用いられる「交通容量」の概念を理解するとともに，交通と都市計画の関係についても言及します。続いて，計画された道路の具体的な設計について，基本的な内容を述べるとともに，今後の道路設計の目指すべき方向についても言及します。

第5章は「道路交通を安全にする」です。「円滑」と並んで交通整備の最も重要な目標である「安全」を実現するための理論や技術について，最新の事例にも言及しながら記述しています。

第2章から第5章は，それぞれの分野の基本的な内容を記述しています。ただ，各章の最後に，「これからの時代」の方向性について，応用的な内容を含めて展望を述べています。

最後の第6章は，「まちづくりへの貢献」です。特に最近の動きとして，交通整備の新しい目標としてクローズアップされているまちづくりへの寄与について記述しています。人間重視，歩行者・自転車重視，住民参加，といったキーワードも同時に語られることになります。

本書は，全体を通読して頂くことを最もお勧めしますが，場合によっては，「交通工学のみ」，「交通計画のみ」を学習したい人は，章を選んで読んで頂いてもよいかもしれません。

さて，本書は，「交通工学」，「交通計画」，そして「都市計画」の3つの分野の関係性を重視した点に特色があるのですが，一方，それによって，ややもすると複雑な読み物になってしまうことを警戒しなければなりません。そこで，できるだけストーリー性のある文章を心がけたつもりです（交通の教科書としてはおそらく例がない『ですます』で文章を書いたのも，その狙いによるものです）。

すでに，「交通工学」，「交通計画」，そして「都市計画」の各分野に関して，非常に優れた教科書がわが国でも多く出版されています。ですから，それぞれの分野を深く学ぶ際には，ぜひそれらをしっかり勉強して頂くことが欠かせません。本書は，それらの専門書を学ぶ前に，どうしても頭に入れておくべき入門的な内容を記述するとともに，分野相互の関係がわかるように配慮したつもりです。また，分野と分野の間の学際分野の新しい役割についても，できる限り取上げることにしました。

また，学問的興味だけでなく，実務的な適用にも言及するように心がけました。そのため，事例をできるだけ多く紹介することにしました。それにより，

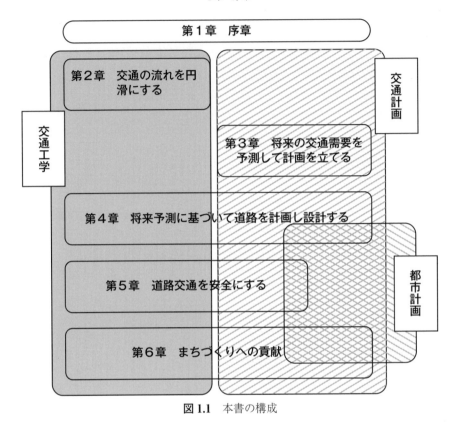

図 1.1 本書の構成

交通を学ぶ意義や意味を理解しやすくしたつもりです。

1.2 わが国の交通

わが国の交通実態や交通インフラの整備状況，近年の社会経済動向を踏まえた最近の話題について概観してみましょう。

高速道路の整備は計画路線延長（14,000km）のうち，11,998km（2020年4月1日現在）と86％まで整備が進んでおり，また，鉄道ネットワークは世界的に見ても高密度に整備されています。国土面積あたりの営業キロは，5.3km/百㎢

であり，EU（5.2km／百km²）と同程度であり，アメリカ合衆国（0.4km／百km²）の約13倍です。東京や大阪など大都市では接続する複数の鉄道事業者間で相互直通運転を行っており，ネットワークを活かす取り組みも行われています。

　高度成長期から近年までは，増え続ける大量の交通需要をいかに捌くかという観点から施設整備，すなわち施設量や輸送量の拡大に主眼をおいてきました。しかし，近年の交通需要の動向を見ると，自家用車の交通量は減少傾向を示しています（図1.2）。なお，このデータは自動車登録情報から抽出した自動車の移動距離（百万人km）とその時の乗車人数（人）をアンケートで調査した結果を用いています。

　このように交通需要が横ばいから減少に推移する状況では施設の量的な拡大をしてもその効果を上げることが難しくなってきています。そのため，社会基盤の質的充実に力点が置かれる時代へと変化しています。

　このように交通需要が減少傾向にある状況では施設の量的な拡大をしてもそ

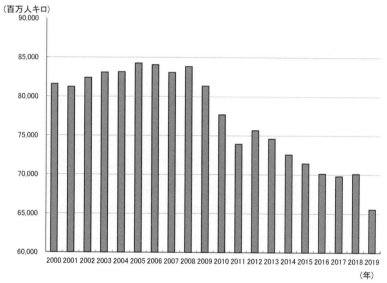

※2010年10月より，調査方法および集計方法が変更されたことから2010年9月以前の数値とは単純には比較できないため，大まかな傾向として捉える必要がある。
※2010年度及び2011度の数値には，2011年3月及び4月の北海道運輸局および東北運輸局の乗用車の数値を含まない。

図 1.2　自家用乗用車の総走行距離の推移[4]

の効果を上げることが難しくなってきています。そのため，社会基盤の質的充実に力点が置かれる時代へと変化しています。

人口減少・高齢社会の到来と交通

　わが国の人口は，戦後一貫して増加してきました。しかし，昨今は医療技術の進展などによって平均寿命が上昇し，高齢化率が2020年で28.7％まで増加しています。2065年には，38.4％に達すると言われています。また，女性の社会進出や晩婚化などによる出生率の低下によって，少子化が進展しています。

　そのため，わが国の人口は，国勢調査によると2010年の約1億2,806万人をピークに人口減少が始まっています（図1.3）。2065年には，2020年から約3,807万人減少し，約8,800万人になると予想されています。

　65歳以上の高齢者は，三大都市圏を構成する東京都区部，中核市・特例市をはじめとした多くの都市において2040年まで増加していくと予想されています。一方で，人口5万人未満の市区町村では，65歳未満の人口の減少とともに，65歳以上の人口もすでに維持又は減少しており，今後は，急激な人口減少に直面することが予想されています。

　また，世帯総数はこれまで増加が続いていますが，人口減少により，2025年前後をピークに減少に転じると予想されています。一方で65歳以上の方を世帯主とする世帯は，2025年以降も増加し，その中でも単独世帯の増加率が高く，2020年の672万世帯から2040年には896万世帯と33.4％増加すると予想されています。

　高齢社会の進展は地域のモビリティ問題の顕在化をもたらしました。高齢社会の進展によって活発に活動する高齢者が増える一方で，運動能力の低下によって，自動車の運転に不安を持つ高齢者も増えています。自主的に免許を返納する65歳以上の高齢者は，2020年度では年間約53万人となっており，75歳以上の運転者の返納が約30万人と全体の54％を占めています。

　2015年に実施された全国都市交通特性調査を見ると，70代の高齢者が20代の若者よりも移動回数が多く，外出率（居住人口に対する外出した人数の割合）も平日は同程度，休日は全年齢の平均を上回る結果が報告されています。特に

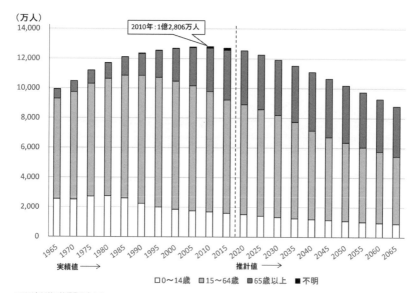

（万人）

2010年：1億2,806万人

※1970年以前は沖縄県を含まない。
※2020年までは総務省統計局『国勢調査』，推計値は国立社会保障・人口問題研究所「日本の将来推計人口」（2017年推計）の出生中位（死亡中位）推計。

図 1.3　わが国の人口の変化

自動車を使った私的な活動が増えています。一方で，高齢者は自動車や公共交通などの交通手段の利用可能性，すなわちモビリティの差が外出機会に与える影響が大きくなっています。郊外部などでは，モビリティの水準が低い高齢者が自動車での送迎に依存する傾向や外出率が低下する傾向が見られ，元気で自動車を運転できる高齢者との活動格差が生じています。買物に行きにくい高齢者（買物難民）も問題になっています。そのため，こうした移動制約者が自らの意志で自由に移動できるようにモビリティを確保することが課題となっています。

低密な市街地と交通

　わが国の人口は，戦後の高度経済成長期に急激に成長し，拡大する工業地帯を抱える大都市部へ集中しました。急激な都市化の進展です。その結果，今や人々の居住地は，国土の４分の１に値する都市計画区域に９割の人が住んでお

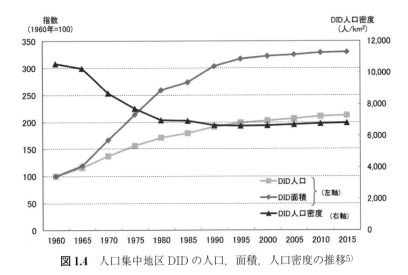

図1.4　人口集中地区 DID の人口，面積，人口密度の推移5)

り，そのうち優先的，計画的に市街化を図る市街化区域には7割の人が住んでいる都市型社会となっています。

　一方，人口やその受け皿である市街地の人口密度の変遷に着目すると，人口集中地区（DID)※の人口密度が1960年代後半から1990年代にかけて急激に減少し，その後は横ばいで推移しています（図1.4）。すなわち，低密な市街地が急激に拡大し，そのままの状態で現在に至っていることが窺えます。現状は低密な市街地の拡大は進んでいないようにも見受けられますが，市街化区域の人口密度は，61.4人/ha（2015年）から，41.9人/ha（2055年）という，DID の最低水準密度まで低下すると予測されています。

　昭和時代から平成時代のはじめにかけての低密な市街地の拡大は，大型商業施設の郊外立地とそれに伴う中心市街地の空洞化をもたらす要因のひとつとなりました。こうした市街地の変化と相まって自動車利用を前提としたライフスタイルが特に地方部において浸透してきています。2015年全国都市交通特性調査の結果から全体のトリップ※※に対する各交通手段を利用したトリップの割

※　人口集中地区。Densely Inhabited District。人口密度が4,000人/km^{2}以上の地区が隣接して人口が5,000人以上となる地区。

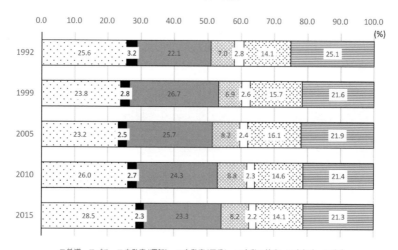

図1.5　三大都市圏平日の代表交通手段分担率の推移6)

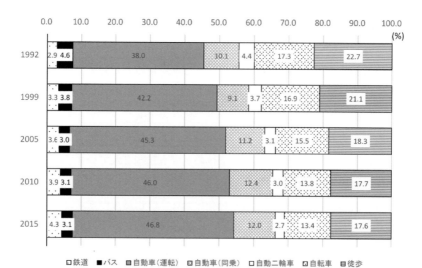

図1.6　地方都市圏平日の都市規模別代表交通手段分担率の比較6)

合（交通手段分担率）を見ると，地方都市圏の自動車分担率は三大都市圏の自動車分担率と比べて25ポイント以上も高くなっています（図1.5，1.6）。その一方で，徒歩での移動や公共交通での移動が減少しています。また，2000年以降のバスの輸送人員は，三大都市圏がほぼ横ばいであるにもかかわらず，それ以外の地域では2017年では25％も減少しており，地方における公共交通の衰退が課題となっています。

自動車社会の影響

　自動車利用を前提とした生活の浸透は，二酸化炭素の排出量の増加をもたらしました。温室効果ガスの大部分を占める二酸化炭素排出量の2割は，運輸部門からであり，運輸部門のうち，約86％は自動車から排出されたものです。運輸部門の二酸化炭素排出量は，2000年代初めにかけて増加しました（図1.7）。その後，横ばいから減少傾向となっているものの，自動車の地球環境に与える影響は依然として大きいため，過度に自動車に依存しなくとも市民生活や経済活動が営めるようにすることが課題となっています。

　最近は自動車利用と健康問題の関係も着目されるようになっています。自動車利用の増加は，歩行機会の減少をもたらし，身体能力の低下や肥満をはじめとした生活習慣病の要因となり，医療費の増大をもたらす可能性が指摘されています。また，中心市街地に自動車で来た場合と公共交通で来た場合を比べると，自動車の方が街なかの立ち寄り箇所数や消費金額が少ないという調査結果もあり，街なかの回遊や賑わい，商業への影響も指摘されています。

都市型社会と人口減少と交通

　大部分の人口が都市に住む都市型社会において人口減少が進むと，市街地の低密度化も進む恐れがあります。歯抜けの市街地の拡大です。都市のスポンジ化とも呼ばれています。そのような地域でも高齢者や児童・生徒など移動制約者にとって，健康で快適で安心して生活できる環境を支える公共交通のサービスが必要です。しかし，財政制約の厳しいこの時代において，鉄道やバス等の

※※　人または，車両がある目的を持ってある場所（出発地）からある場所（到着地）へ移動すること。

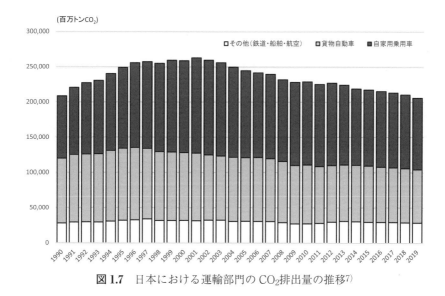

図 1.7 日本における運輸部門の CO_2 排出量の推移[7]

公共交通サービスを需要が少ない地域で提供することは難しいため，交通サービス水準の地域間格差が拡大することが危惧されます。一般的に人口密度の低いエリアほど公共交通の輸送の効率は悪くなることから，今後のまちづくりを進めるにあたっては，公共交通を中心として，生活関連機能が立地するコンパクトな市街地を形成していくことが重要です。

　コンパクトなまちづくりが進むことで，居住地と移動の目的地が近接し，徒歩や公共交通を利用して日常生活を営む市民が増加，高齢者の外出率も増加し，歩行量も増えるため，医療費の削減も期待できます。過度な自動車利用も抑制されるため，環境負荷の低減効果も期待できます。また，中心市街地の活性化や都市経営の改善も期待できます。

　2014年には都市計画法を中心とした従来の土地利用規制に加えて，居住機能や都市機能の誘導により都市をコントロールする新たな仕組み，立地適正化計画制度が創設されました。行政と住民や民間事業者が一体となったコンパクトなまちづくりが進められるようになってきています。

参考・引用文献

1)　日本放送協会：人間は何をつくってきたか1，NHK 出版，1980年
2)　Flink, James J.: The automobile age, The MIT press, 1988
3)　ワトキンス・レポート45周年記念委員会編：ワトキンス調査団　名古屋・神戸高速道路調査報告書，勁草書房，2001年
4)　国土交通省：自動車輸送統計
5)　国勢調査
6)　国土交通省：都市における人の動きとその変化～平成27年全国都市交通特性調査集計結果より～，2015年
7)　（独）国立環境研究所：温室効果ガスインベントリオフィス・データベース

2章　交通の流れを円滑にする

本章では，交通の流れの特徴とこれを円滑に保つための基本となる考え方を説明します。まず2.1節で交通の流れ，特に自動車の交通の流れに着目して，これを科学的に解析する方法と，交通流のよく知られている特性について説明します。次に2.2節で，誰にでも馴染みの深い「交通渋滞」とは科学的にどのような状態を指すのか明らかにします。これを踏まえて2.3節では交通渋滞を減らす，無くす方法を紹介します。2.4節は，円滑・安全の両面で重要な交差点を対象として，その制御手法を紹介します。最後に2.5節で，円滑な交通の流れを実現するための将来技術について考えてみましょう。

2.1　交通現象の捉え方

自動車でも自転車でも歩行者でも，道路上の交通を一種の「流れ」として捉えることができます。交通の流れも水の流れ，空気の流れ，インターネットの情報の流れなどとよく似た特性を持ちます。一方で交通の流れに特徴的なことは，その流れを構成する自動車の大きさは水や空気の粒子よりも無視できない大きさを有するとともに，これが「（意思を持った）人の動き」であることです。従って「現象の捉え方」の基本はほかの流れと同じですが，そこで見られる現象には交通特有の特徴が現れます。ここでは自動車交通流に焦点をあてて，こうした一般性と特殊性を考えていきます。

2.1.1　基本特性を表す変数

（1）時間距離図

　道路上の自動車の流れも，川を流れる水と同じく，流れの源流方向を上流，流れ下った先の方向を下流と呼び，自動車も上流から下流へ流れるものと考えます。この流れを1台1台の車の動きに着目したときに，交通流を記述するために重要ないくつかの特徴量（変数）があります。図2.1はこうした特徴を示すために，横軸に時間，縦軸に距離をとって，1台1台の車両の動きを1本1本の（時空間上の）軌跡として表したもので，交通流を表現する最も基本的な図となります。これを時間距離図（Time-Space Diagram）といいます。

　図の左側の道路上に3台の車が描かれていますが，これは時間軸上の時刻 t における3台の車の位置です。この図のように車の位置を表すのに車の先端（バンパなど）の位置で代表させることが多いですが，必ずそうしなければいけないわけではありません。時刻 t における i 番目の車とそのひとつ前の車（$i-1$ 番目）の後端（車尾ともいいます）までの距離，すなわち車間距離は図に s_{pi} として示されています。これに前の車（$i-1$ 番目）の車長 l_{i-1} を加えたものを車頭距離 s_i といいます。

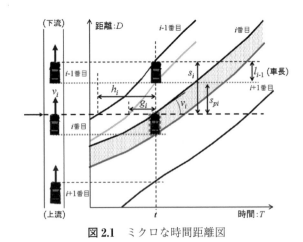

図 2.1　ミクロな時間距離図

一方，図の左端中ほどに右向き矢印が描かれています。これは道路上のある地点を意味し，i 番目の車は時刻 t にこの矢印の地点にいます。$(i-1)$ 番目の車がこの矢印の地点を通過してから i 番目の車が到達するまでの時間 h_i を車頭時間（Headway）といいます。また，前方車の後端がある地点を通過してから自車の先端がそこを通過するまでの時間を車間時間 g_i といいます。

時間距離図が有用であるひとつの理由は，各車両の時空間軌跡の傾きがその車両の速度 v_i になることです。従ってこの図を使えば，時々刻々と，あるいは道路上の場所に応じて，各車が取る速度 v_i が時空間上でどのように変化するか図示できます。速度 v_i と同じように，車頭時間 h_i，車間時間 g_i，車頭距離 s_i，車間距離 s_{pi} も，図から時空間的に変化していく様子が読み取れます。

川の流れで水粒子一粒一粒の動きを考えることはまずありません。交通流では個々の動きをある程度注目しますが，やはり流れ全体の大まかな特徴で捉えることも多くあります。ある地点（断面）を一定の計測時間 T の間に通過した車両数 N を用いて計算される交通流率 Q（$=N/T$）と，ある時刻に一定の

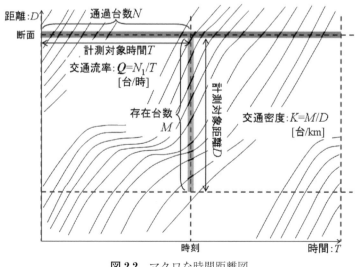

図 2.2 マクロな時間距離図

計測距離 D の中に存在していた車両数 M を用いて計算される交通密度 K（$=M/D$）は，こうした特徴を表す重要な指標（変数）です（図2.2参照）。ここで N 台の各車の車頭時間 h_i の平均値を取ると交通流率の逆数になります。また M 台の各車の車頭距離 s_i の平均値を取ると交通密度の逆数になります。このように2つの時間距離図（図2.1・図2.2）で，時間軸上でみた車頭時間と交通流率の関係は，空間軸上でみた車頭距離と交通密度の関係と対称関係にあります。

(2) 流れの速度と流量保存則

　連続的に次々と流れている水の流れ，空気の流れ，情報の流れ，そして交通の流れ。これらに共通で普遍的な物理法則が「流量保存則」で，物理学の基礎的な法則である「質量保存則」に相当するものです。この法則は，モノ（流れ）は幽霊のようにふいに消えたり突如ワープしてきて増えたりはしない，ということを意味します。これを交通流について表すと図2.3のようになります。

　途切れのない車の流れを1kmごとの箱に車を入れて考えると，この箱の中の車両数は交通密度 K と等しくなります。仮にここで $K = 20$［台/km］とします。自動車の速度は1台でみても時々刻々と変動しますし，車によって速度は違いますが，大雑把にみれば1kmの箱が平均的な速度 V で流れているとみなすことができます。これも仮に $V = 80$［km/時］としましょう。これをある断面で1時間観測して，ここを通過した車両数を観測すると何台になるでしょう

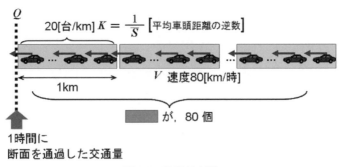

図 2.3 流量保存則

か。

　長さ1kmの箱が時速80kmで移動するので，1時間にこの断面を通過した箱の数は80個です。1箱に20台の車が詰まっている箱が80個通過したので，通過した車両数は20×80＝1,600台となります。交通流率とは単位時間当たりの通過車両数ですので，交通流率は1,600［台/時］となります。つまり，一般に「交通流率＝交通密度×速度」の関係が成立するのです。これを流量保存則といいます。交通流率 Q，交通密度 K，速度 V を用いて式で表すと次のようになります。

$$Q = KV \tag{2.1}$$

この法則は交通流に限らず，全ての流れを支配する基礎的な性質なのです。

　ところで，ここで考えている「流れの平均的な速度」とはどのような速度でしょうか。図2.4の時間距離図を見てください。ここで交通流率と同じようにある断面を一定時間に通過した各車の速度 v_i をその台数 N で平均したもの（正確には相加平均あるいは算術平均という）を時間平均速度 v_t，交通密度と

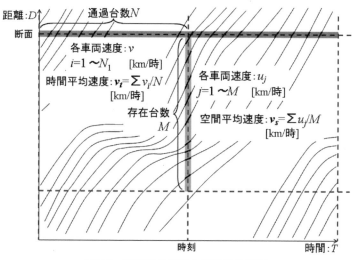

図2.4 時間平均速度と空間平均速度

同じようにある時刻に一定距離の中に存在した各車の速度 v_j をその台数 M で算術平均したものを空間平均速度 v_s といいます。

$$v_t = \sum_{i=1}^{N} v_i/N, \quad v_s = \sum_{j=1}^{M} v_j/M \tag{2.2}$$

では式（2.1）を満たす速度 V は時間平均速度 v_t なのか，空間平均速度 v_s なのか？結論は $V=v_s$ です。つまり式（2.1）は，正確には式（2.3）のようになります。

$$Q = Kv_s \tag{2.3}$$

式（2.3）が成立することも純粋に物理的な特性（流量保存則）です。

　一方，工学的に重要な問題として，観測上の問題があります。空間平均速度を知るには空間的に広がる範囲に存在する車の速度を瞬時に把握しなければなりません。これは高い上空から同時に複数車両の速度を計測でもしない限り不可能です。一方，ある断面で次々と通過する車の速度を計測することは比較的容易です。そこで，ある断面で通過した N 台の各車の速度 v_i を用いて空間平均速度を計算できれば助かります。実はこれは調和平均という平均的な代表値を計算すれば求められることがわかっています。調和平均とは「逆数の算術平均の逆数」です。式で書くと次のようになります。

$$v_s = 1/\left(\sum_{i=1}^{N} (1/v_i)/N\right) \tag{2.4}$$

　地点観測された各速度を調和平均すれば空間平均速度と同じ意味を持ちます。では式（2.3）を満たす速度はなぜ空間平均速度でなければならないのでしょう？

　ここで図2.5のような例を考えてみましょう。自宅からインターまで10kmを行くのに平均速度が20［km/時］，高速道路を60km乗ってその間の平均速度が90［km/時］，高速道路を降りて目的地まで15kmを行く平均速度が45［km/時］の場合，自宅から目的地までの平均速度はいくらでしょうか？この場合，自宅からインターまで10÷20＝0.5時間＝30分，高速道路は60÷90＝2/3時間＝40分，高

速を降りてから目的地まで15÷45＝1/3時間＝20分で，合計の所要時間は90分＝1時間半かけて，自宅から目的地までの10＋65＋15＝85kmを走っています。従って全体の平均速度は85km÷1.5時間≒56.7［km/時］となります。これは，実は10，60，15kmという距離で重み付けされた速度の逆数1/20，1/90，1/45［時/km］の平均の逆数（すなわち，重み付け調和平均）になっています。

$$\frac{1}{\left(\dfrac{10/20+60/90+15/45}{10+60+15}\right)}=56.7 \ [\text{km/時}]$$

これは，確かに図2.5に示す状況下における全体の平均旅行速度です。ちなみに，もしも単純に速度を重み付け平均すると次のようになります。

$$\frac{10\times20+60\times90+15\times45}{10+60+15}=73.8 \ [\text{km/時}]$$

この計算値は，実際の平均速度56.7[km/時]よりもかなり高い値ですし，この値は，単に計算された，という以外の何者でもない数値なのです！

この例では1台の3つの区間の平均速度から全体区間の平均速度を求める計算を考えましたが，これを3つの区間の流れの平均速度と全体区間の流れの平

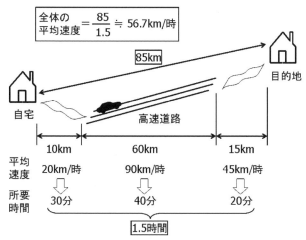

図2.5 全体の平均速度の計算法

23

均速度と考えても同じことです。さらに，3台の各車両の平均速度から3台全体の平均，3つの車線の各車線の平均速度から3車線全体の平均，などを考える場合でも同じことです。つまりいずれにせよ，流れ全体の平均速度は空間平均速度（または個別速度値の調和平均操作）で考えなければいけないのです。

2.1.2　交通量，速度，交通密度

自動車交通流の観測では，地点（断面）での通過台数を計測する一定時間 T として様々なものが用いられます。交通計画では $T=1$ 日や1ヶ月，1年といった比較的長い期間を対象としますが，交通渋滞解析や交通信号制御設計などでは，$T=1$ 時間，15分，5分，1分といった短い時間を対象とします。ここで1時間，あるいはそれより短い時間で計測された通過台数を1時間当り台数で表したものを慣例的に交通流率［台/時］と呼んでいます。ただし1時間の通過台数［台］は，そのまま交通流率［台/時］と値が一致するので，しばしば正確には交通流率と呼ぶべきものを交通量と表現することがあります。ここでも以下では，特に誤解が生じるおそれがない場合には「交通流率」を「交通量」と表現し，特別に単位時間当たりの通過台数であることを強調する必要のある場合のみ「交通流率」と呼ぶ慣例に従って表記することにします。

(1) 自動車交通流に特有の特性

交通量（交通流率）と交通密度と平均速度（空間平均速度）の3者には，流量保存則を意味する式（2.3）が成立することがわかりました。一方，私たちは通常経験する交通の流れから次の事実を容易に認めることができます。

・限りなく交通が少ない状態（つまり，交通密度 $K \fallingdotseq 0$）では，各車両は自由に自分の好きな速度（自由走行速度，その平均を v_f とします）で走行できるので，このときの平均速度は，交通が増えてきてほかの車両に邪魔されて自由に走れない場合の平均速度よりも高い（つまり，v_f は平均速度の最大値）。

・交通が増えれば（ここでは交通密度の増大），平均速度は減少する。

・交通密度が最も高い状態では，車両はにっちもさっちも動けず，平均速度はゼロとなる（$v_s = 0$）。この交通密度の最大値のことを飽和密度 K_j とい

う。

　つまり，平均速度 v_s と交通密度 K の間には単調減少の関係があり，その境界条件は，1）平均速度の最大値は $v_s = v_f$ でこのとき交通密度 $K = 0$，2）交通密度の最大値は $K = K_j$ でこのとき平均速度 $v_s = 0$，の2つです。このことと式（2.3）を用いると，平均速度 v_s と交通密度 K，平均速度 v_s と交通量 Q，交通密度 K と交通量 Q の関係が図2.6のような関係となることが数学的に導かれます。これを QVK 関係の基本図（Fundamental Diagram）と呼びます。

　ここで注目すべき点は，Qv_s 関係と QK 関係において，交通量に最大値 Q_c（極大値）が存在することです。これが「交通量の最大値＝交通容量」が存在すること（すべきこと）を支持する理論的な根拠となっています。またこのことから $0 < Q < Q_c$ の範囲の交通量 Q において，同じ Q に対して v_s や K は一意には決まらず，Q_c に対応する平均速度 $v_s = v_c$，交通密度 $K = K_c$ を境に，これより大きい値と小さい値の2つを持つことが分かります。また Qv_s 関係の縦軸からの傾きが交通密度 K に，QK 関係の傾きが平均速度 v_s になることが分かります。

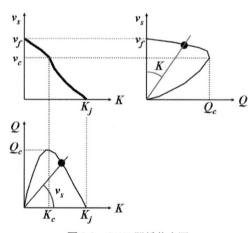

図2.6　QVK 関係基本図

⑵　自動車交通流特性の実際

では図2.6のような理論予測に現実は合致しているのでしょうか？

図2.7は，車両感知器と呼ばれるセンサを利用して計測された交通量 Q（正しくは5分間交通流率，つまり5分間通過台数を1時間当りに換算したもの）と，計測された各車両の速度の調和平均で得られた平均速度 v_s，およびこの2者の計測に式（2.3）を当てはめて計算された交通密度 K との関係を示した例です。

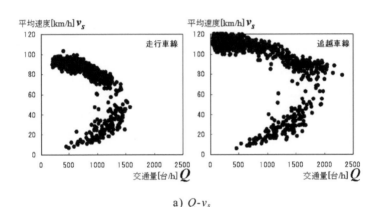

a) Q-v_s

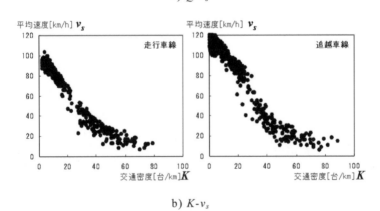

b) K-v_s

中央道下り 40.45kp(1999年 8/21，8/28，9/18，9/19 の4日分サンプル)

図2.7（その1）　QVK 関係の実態例

車両感知器による交通量計測技術は3.2.2節でも紹介されていますが，現在多いのはループコイルや超音波センサにより，そのセンサ位置に車両が存在することを検知するものです。これを各車線に配置し，さらに各車線上の上下流2箇所ずつ（例えば日本の都市間高速道路では上下流のセンサを5.5m離しています）設置し，この上下流のセンサ間の距離を通過時間差で除することで，各車両速度を計測することができます。

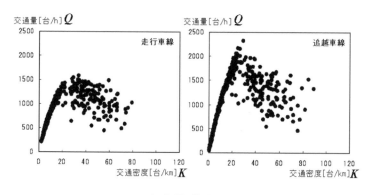

c) Q-K その1

中央道下り 40.45kp(1999 年 8/21，8/28，9/18，9/19 の 4 日分サンプル)

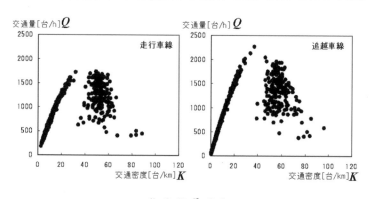

d) Q-K その2

中央道下り 26.20kp(1999 年 8/21，8/28，9/18，9/19 の 4 日分サンプル)

図 2.7（その 2） QVK 関係の実態例

　図2.6に示した理論的な関係は，図2.7の実測値からもある程度読み取れます。a）とb）からは走行車線よりも追越車線のほうがv_fが高くQ_cも大きいこと，c）とd）からはK_cより小さい交通密度ではQKの相関はとても強く，K_cより大きい交通密度では両者の相関がかなり低い傾向があることがわかります。またc）とd）では観測しているセンサの位置が違うのですが，K_c付近の様子が異なっていることがわかります。d）ではQ_c，K_c付近に実測値がほとんど得られていないため，Q_c，K_cを実測から知ることが困難になります。

2.1.3　待ち行列と遅れ

⑴　交通量累積図

　流れ一般を扱う上で最も基礎的で重要なグラフは図2.1などの時間距離図です。さらに，自動車交通流の特性を表す場合には図2.6などのQVK関係基本図も重要です。もうひとつ，特に交通の円滑さ，逆にいえば「滞っている度合い」を評価するための理論的枠組みで大変有効な図式表現手段が，次の図2.8に示す交通量累積図（Cumulative Volume Diagram）です。

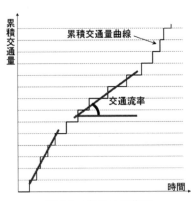

図2.8　交通量累積図

　図2.8は概念的にはきわめて簡単です。道路上のある場所で次々と通過した車を観測して，横軸に経過時間，縦軸にのべ通過台数（累積交通量）を取り，1台通過するごとに通過した時刻を横軸にとり，縦軸の台数を1台増加させながらプロットしていくのです。従って図2.8のように1台ずつ高さが階段状に

増えるグラフが作成されます。これを交通量累積図といいます。これは正確には階段状のグラフですが，交通流を考えるときには何十台，何百台，何千台という交通量を対象としますので，これを近似的に滑らかな曲線と考えて，累積交通量曲線と呼んでいます。これを滑らかな（微分可能な）曲線と考えると，その傾きはその瞬間における交通流率を意味します。つまり，図2.2における一定の計測時間 T を無限小にして交通流率を考えれば，時間的に連続的にいつでも定義できることになります。現実には車両が通れば1台，通らなければ0台ですから，（累積）交通量も交通流率も時間的に連続な変数ではありませんが，理論的な理想化のためにこのようなことをするのです。

(2)　待ち行列の変動解析

　道路上の2点（A点とA′点）における累積交通量曲線を同じ交通量累積図上に重ねて描くと，同じ n 台目がA点を通過した時間とA′点を通過した時間の差（2つの曲線の横方向のずれ）は，2点間の所要時間（旅行時間）になります。しかしこうした手法で旅行時間を求めるには，FIFO条件が必要です。

　FIFO（First-In First-Out）条件とは，ある観測断面で見ていて，そこに最初に到着したものがそこから最初に流出すること，すなわち追い越しが生じない条件を意味します。この条件が成立しないと旅行時間の図示に混乱が生じることを示したものが図2.9です。図では，時間距離図上で5台の車の軌跡が描かれ，観測断面AとA′における累積交通量図が描かれています。AとA′の交通量累積図を重ね書きすると，A点で4台目に通過した車がA′点では1台追い抜いて3台目になるため，2つの曲線の横方向のずれでは各車の旅行時間を正しく表現できないことがわかります。

　現実の道路では追い越しが発生することもあるので，厳密にはFIFO条件は成立するとは限りませんが，特別に追い越しが多発する区間を除けば，ほぼ成立すると考えてよいでしょう。そこでこのFIFO条件を仮定できると考えるのです。ちなみに道路交通ではFIFO条件を仮定できますが，エレベータでは後に乗った人が先に出ますのでFILO（First-In Last-Out）条件が仮定されます。

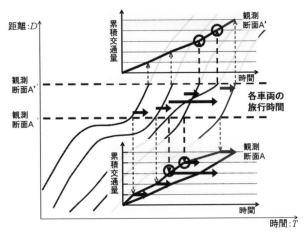

図 2.9　FIFO 条件と旅行時間

　また，累積交通量曲線は行列の延伸・解消の解析に利用できます。ここで現実には車両の行列は次々と後ろに並びますので，行列に物理的な長さが生じます（物理待ち行列）。しかし基礎理論においてはこれを単純化して考え，仮想的に長さのない行列（点待ち行列）あるいは 1 台目の車の上に縦積みされた行列（縦積み行列）として取り扱います。

　物理待ち行列と点待ち行列の違いを信号待ち車両の列の場合で模式的に示したものが図2.10です。こうした行列の問題を扱う場合は，図2.9のような 2 点での車両通過の交通量累積図ではなく，点待ち行列を考える地点を対象として，この地点に仮想的に各車が到着した時間で描いた累積交通量曲線を到着曲線，FIFO 条件に則って行列から順番に発進していくときに，仮想的に各車がこの地点を出発した時間で描いた累積交通量曲線を流出曲線といいます。

　図では赤信号中（図中の R）に 8 台の車両が停止線の上流側に物理待ち行列を形成し，信号が青に変わった後（図中の G）に順番に発進していく様子を時間距離図に示しています。点待ち行列を考える場合には，到着車両を現実の位置で停止せずにそのまま停止線まで仮想的に進入させて停止位置に到着した時間で到着曲線を描きます。流出曲線も本来の停止位置ではなく発進した車両が

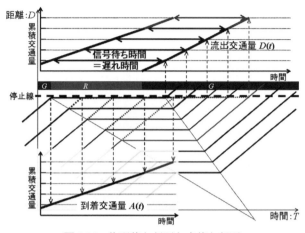

図 2.10 物理待ち行列と点待ち行列

停止線を通過した時間で描きます。

　2つの曲線（この例では直線ですが）を重ね書きすると，図の横方向のずれが（仮想的な）停止線位置における到着と流出の時間差，つまり待ち行列で待っている時間の長さ（待ち時間，これを交差点における「遅れ（Delay）」といいます）を意味します。図の場合では，到着交通流も流出交通流も同じ一定の速度を仮定しているので，各車両が実際の停止位置で青信号を待って停止した時間と同じ長さになりますが，行列への到着と出発（流出）の時間は異なります。一般には交差点に到着するときの速度と青信号に変わって発進していくときの速度が等しいとは限らないので，仮想的な点待ち行列における遅れ時間と実際の信号待ちで停止している時間は必ずしも一致しません。

　図2.10における2つの累積交通量曲線，到着曲線と流出曲線の縦方向のずれは，点待ち行列の長さ（待たされている車両の数）を意味します。つまり累積交通量図では，各車両の待ち行列による遅れ時間は2つの曲線の横方向のずれ，時々刻々と変化する待ち行列長は2つの曲線の縦方向のずれで表現されます。これが，交通渋滞現象を定量的に解析する上で大変便利な特性となります。

31

2.2　交通渋滞

　交通渋滞は実は待ち行列の一種です。応用数学の分野に「待ち行列理論」というものがあります。重要な点は，交通渋滞とはこの待ち行列理論では非定常状態とされるもの，つまり入力された交通需要を対象とする処理系では処理できずにオーバーフローした状態である，ということです。処理能力の超過，という概念が交通渋滞を考える上で重要なのです。

2.2.1　ボトルネック

(1)　太さの変化する管へ水を流す

　図2.6で示したように，どんな道路でも通過できる交通量（交通流率）に最大値が存在することが知られています。これを道路の交通容量（Highway Traffic Capacity）といいます。道路には，高速道路もあれば街のなかの街路，街路でも中央線1本だけの往復2車線や中央分離帯付の多車線，合流部や分流部，交差点など，様々な区間があります。こうした道路区間の特性に応じて当然道路の交通容量は違ってきます（詳細は2.3節参照）。

　図2.11はこうした道路区間の様子を模式的に水道管に例えています。道路が管で交通容量は管の太さです。道路上を通る交通とは水道管を流れる水のようなものです。さてここで上流から流し込む水の流量（交通流率で表される交通需要）を徐々に増やしていくと何が起こるでしょうか。最初少ない水量では問題なく流れていますが，管の太さが最も細いところの水の疎通能力の限界（交通容量）よりも多くの水を流し込もうとすると，この細いところを通り抜けることができるのはその場所の疎通可能最大量となり，ここを通過できずに溢れた水がこの上流場所に溜まりはじめます。洗面台や風呂の排水溝が目詰まりを

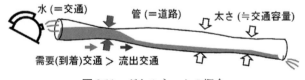

図2.11　ボトルネックの概念

起こすと，いつもの水量を出しているのに徐々に水溜りができる現象と同じです。これを交通に置き換えたものが交通渋滞なのです。

(2) 交通容量上のボトルネックと交通渋滞の定義

　管の太さが最も細い場所に相当するところを，道路の交通容量上のボトルネック（Bottleneck）といいます。ボトルネックとは「瓶の首」という意味です。ここの疎通能力（ボトルネックの交通容量）を超える交通需要が到着すると，通りきれずに溢れた交通がこの場所の上流に溜まります。この溢れた交通が滞って溜まっている状態のことを交通渋滞というのです。

　以上の定義からわかるように，交通渋滞とは交通容量上のボトルネックと対になった概念です。ボトルネックなしには渋滞は生じません。また交通渋滞とは「溢れて溜まっている状態」ですから，流れが滞っているため流れの速度は低下します。しかし時速何km以下から交通渋滞といえるかというと，そんな交通渋滞を表す絶対的な速度はないのです。

　ただし，ボトルネックの位置とボトルネック交通容量，およびそこへ到着しようとする交通需要（時々刻々と変化します）を正確にモニタリングして，渋滞状態なのか渋滞してない状態（非渋滞状態）なのかを厳密に判定することは技術的にきわめて困難です。そのため，経験的な知識に基づいて，現在の日本の都市間高速道路では40［km/時］，首都高速道路では20［km/時］，阪神高速道路では30［km/時］をそれぞれ閾値として，センサで計測された速度がこれを下回ると，その区間を交通渋滞と判定しています。

　さらに信号交差点が主なボトルネックとなる一般街路では，交通渋滞状態の判定はさらに難しくなります。一般に信号交差点では赤信号待ち行列が形成され，これと交通渋滞による車列を簡単には区別できず，また物理待ち行列が交差点上流へ延伸すると，上流側の別の交差点の交通処理性能に影響が生じるためです。一般街路の渋滞判定はあいまいさを排除し切れないのが実情です。

(3) 交通渋滞における観測上の特徴

　交通流の観測方法は，ある地点にセンサ（車両感知器）を設置して交通量と速度を計測するか，GPS 技術などを活用して移動する車の動きを計測する

（プローブカー）か，いずれかの方法が一般的です（3.2.2項参照）。

　流れに乗ってプローブカーで計測すると，交通渋滞に入ると低速走行となり，渋滞中の車列の先頭位置がボトルネックで，ここを通り過ぎると再び速度が回復します。一般的な傾向でいえばその通りなのですが，渋滞中であっても区間によってあるいは交通状況に応じて速度は変動しますし，その中で最も速度の低い区間の下流端がボトルネック位置であるとも限りません。速度の絶対値もあてにならないわけですから，プローブカーによる速度計測だけで渋滞の発生の有無やその範囲を特定することは原理的には不可能です。

　一方，継続的に定点観測されるセンサでは，前述の図2.6や2.7のようなQVK関係をあらかじめ知ることができます。この関係を利用することで交通渋滞の様子をある程度知ることができます。

　図2.12の a)は，ボトルネック付近にセンサがある場合の観測の特徴を模式的に表しています。3つのグラフともに連続的な関係が得られ，観測上の最大交通量Q_cがこのボトルネックの交通容量になります。このQ_cに対応する速度v_cよりも高い速度，またはK_cよりも低い交通密度の状態が非渋滞流，v_cよりも低い速度でK_cよりも高い交通密度の状態が渋滞流です。Q_c，v_c，K_cの値はボトルネックにより異なってきます。図2.7の a)～c)の地点は，ほぼこの条件を満たしています。

　一方ボトルネックの上流側で観測すると，一般的には b)のような観測が得られます。観測地点から見ればボトルネックは下流にあります。この下流のボトルネック交通容量Q_cよりも多い交通需要が到着するとやがてこの地点が交通渋滞状態になります。これが図の低速／高密度側の交通流状態です。グラフ上では途中が欠落して高速／低密度側の交通流状態は非渋滞流になります。本当は破線のようなQVK関係があるはずですが，下流のボトルネック交通容量を超える交通流状態はほとんど観測できないので，観測している地点の交通容量は知ることができません。ここで図中にはv_c，K_cを記載していますが，観測地点の交通容量，およびそのときの速度と交通密度は実観測からは分かりません。図2.7の d)の地点は実はこのような条件の地点です。経験則として低

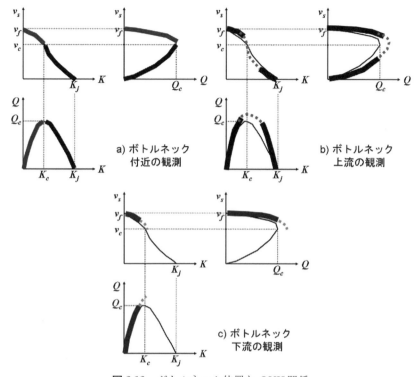

a) ボトルネック
付近の観測

b) ボトルネック
上流の観測

c) ボトルネック
下流の観測

図 2.12 ボトルネック位置と QVK 関係

速／高密度側の交通流状態における最大速度／最小密度が分かりますので，こ
れを境界にして渋滞を判定できますが，例えば何らかの対策の結果下流ボトル
ネックの交通容量が変わった場合に，この観測地点の渋滞と非渋滞を分ける新
しい閾値を事前に知ることは困難なのです。

　さらに厄介なのは c)の場合（ボトルネックより下流側の観測）です。この
観測地点へ流入する交通需要がこの地点（または十分に近い位置にある下流の
ボトルネック）の交通容量に達しないために，非渋滞流状態（高速／低密度
側）しか生じていません。もしもこの場所にしかセンサがなければ，この周辺
にはボトルネックもなければこれを超過する交通需要も到達していないと判断
してしまうでしょう。実際は観測地点の上流にボトルネックが存在し，これに

より交通需要が絞られ，ボトルネック交通容量以下の交通量しか観測地点に到達しない，という場合もあります。このようにセンサによる定点観測では，上流から下流まで，ある程度の範囲の複数地点の状況を確認して，交通渋滞がどこをボトルネックとして発生しているかを把握する必要があります。

⑷　**交通渋滞の時空間的な変動特性**

通常，交通渋滞はボトルネックに到着しようとしてやってくる交通需要の時間変化に伴って，渋滞の発生，渋滞車列の上流への延伸，縮退，解消といった経過を見せます。この様子を典型的に示したものが図2.13です。

図の一番下の時間距離図に示すように，交通渋滞はある時刻に発生し，ボトルネック上流領域に渋滞列が延伸・縮退し，やがて解消します。ボトルネック位置の点待ち行列を仮定して需要交通量（到着曲線）と流出交通量（流出曲線）を描くと図の一番上の交通量累積図のようになります。渋滞発生後から渋滞解消までの到着曲線は直接知ることはできませんが，時間距離図における渋滞の延伸・縮退状況と交通量累積図における2つの累積曲線の「縦方向のずれ」が，いずれも「待ち行列台数（長）」ですので，その概形を描くことが可能になります。一方流出曲線の傾きは，渋滞中はボトルネック交通容量で一定

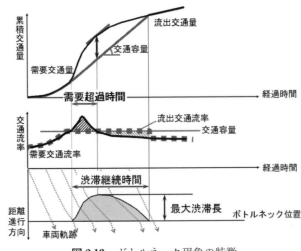

図2.13　ボトルネック現象の特徴

の値になります。交通量累積図の到着曲線と流出曲線の傾き（時間微分）は交通流率となりますので，その時間変動の様子を図の中ほどに描いてあります。

　図からわかるように，交通需要がボトルネックの交通容量を超過している時間（需要超過時間）は，渋滞継続時間よりかなり短いことが分かります。交通需要圧力が最も高い最大交通需要は需要超過時間の最中に生じます。需要超過時間を過ぎた後でも交通渋滞がすぐには解消しないのは，いったん貯留された渋滞列の車両台数をすぐには解消できないからです。交通流率の時間変動図において，需要超過時間中のボトルネック交通容量を超過している領域面積と，交通需要減少後に交通容量と交通需要で囲まれる面積が一致するまで交通渋滞は継続します。人生はやり直せませんが，もしもボトルネック交通容量の超過需要時間がなかったならば，その後の交通需要が交通容量を下回っている時間帯にここに到着した交通は，まったく交通渋滞を経験せずに済んだはずなのです！

　このように交通需要が交通容量を超過する時間帯はわずかでも，交通渋滞が継続する時間が長くなり，また交通渋滞はすぐに物理的な長さを持って何km，何十kmにも達しやすいため，とても誇張されて見えがちです。正しい知識と正確な情報で，冷静に科学的に分析する目を養うことが重要です。

2.2.2　衝撃波解析

　一般にボトルネックに超過交通需要が到着して渋滞が発生すると，この渋滞車列の最後尾は徐々に上流に移動します。車両の進行は上流から下流ですから，車列の最後尾の移動方向は車両進行方向と逆向きです。渋滞車列より上流側は高い交通量で非渋滞状態（高速走行）の流れですが，渋滞車列中では交通流率は下流ボトルネック交通容量に等しく，渋滞状態（低速走行）の流れです。つまりある瞬間に空間の状態を見ると，渋滞車列の末尾を境界面として，高い交通流率の非渋滞状態（高速走行）の流れ（速度 v_1，交通流率＝交通需要 A）と交通流率が下流ボトルネック交通容量に等しい渋滞状態（低速走行）の流れ（速度 v_2，交通流率＝下流ボトルネック交通容量 C_b）が不連続に存在しています。この不連続境界面が時間の経過とともに上流へ移動する（移動速

度 u_{sw}）のです。このような不連続境界面の移動のことを衝撃波（Shockwave）といいます。

(1) 衝撃波速度の定式化

衝撃波の移動速度 u_{sw} は，図2.14を見ながら流量保存則（流れの連続性）を適用すれば導けます。まず v_1，A に対応する交通密度を k_1 とし，v_2，C_b に対応する交通密度を k_2 とします。図中の時間 t の間に衝撃波は上流へ $u_{sw}t$ だけ上流へ伝播します。そこで図に描かれた幅 t，高さ $u_{sw}t$ の長方形領域を考えて，衝撃波の境界面へ流入する交通量と境界面から流出する交通量を考えます。

流入する交通は長方形の左の側面と下の底面から流入します。左の側面の長さは距離 $u_{sw}t$，ここは境界面の上流側なので交通密度は k_1 ですから，この側面を通過する交通量は $k_1 \times u_{sw}t$ となります。一方底面の長さは時間 t で交通流率は A なので，この底面を通過する交通量は At です。この両者の和 $At + k_1 \times u_{sw}t$ が衝撃波境界面に流入する交通量です。同じように考えると，長方形の上面から流出する交通量が C_bt，右側側面から流出する交通量が $k_2 \times u_{sw}t$ で，衝撃波境界面から流出する交通量はその和で与えられ $C_bt + k_2 \times u_{sw}t$ となりま

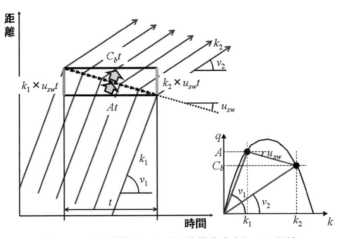

図 2.14　時間距離図における衝撃波速度と QK 関係

す。

　境界面の流入交通量と流出交通量は等しい（流量保存則）ので，

$$At + k_1 \times u_{sw}t = C_bt + k_2 \times u_{sw}t$$

が成立します。ここで，速度に符号を与えて考え，車両進行方向を正，逆方向を負で表すことにすると，図の u_{sw} は負の値であり，等式の両辺の各項はいずれも正になりますから，符合付きで表せば

$$At + (-k_1 \times u_{sw}t) = C_bt + (-k_2 \times u_{sw}t)$$

となります。これを衝撃波速度 u_{sw} に対して解くと次式（2.5）が得られます。この式は，任意の2つの交通流状態の境界の不連続面が移動する衝撃波速度に対して，符号も含めて常に成立するものです。

$$u_{sw} = (A - C_b)/(k_1 - k_2) \tag{2.5}$$

(2) 時間距離図と交通量密度関係図

　時間距離図では車両の軌跡の傾きが速度を表すことは既に述べました。衝撃波の速度でも同じです。不連続面の移動軌跡の傾きが衝撃波速度となります。

　一方，交通量密度関係（QK 関係）上で，衝撃波の境界面の上流側の交通状態 $(Q,K) = (A, k_1)$ と下流側の交通状態 $(Q,K) = (C_b, k_2)$ をプロットすると，QK 関係図上でこの2つの交通状態の点を結ぶ線分の傾きは式（2.5）の衝撃波速度に一致することがわかります。その様子は，図2.14の右下に描画してあります。つまり QK 関係図上で直線の傾きは速度を表すのです。QK 関係上であるひとつの交通状態を表す点と原点を結ぶ直線の傾きは，その交通状態の平均速度です。一方，2つの交通状態の境界面の移動速度である衝撃波速度は，その2つの交通状態を結んだ線分の傾きになります。そこで，これと時間距離図の傾きとをスケールを揃えて一緒に描き，QK 関係上の2つの状態間の移動速度を表す線分の平行線を時間距離図上に作図すれば，衝撃波の伝播状況を時間距離図上に描画することが可能になります。

(3)　衝撃波の解析事例1：信号交差点

　信号交差点流入部で，赤信号によって信号待ち行列が形成され，青信号に変わって先頭から発進し，やがて信号待ち行列が解消する過程を図示すると図2.15のようになります。上流から到着する交通流の交通流率と交通密度を QK 関係上の点 $a\,(A,k_1)$ とし，信号待ちの停止車列は QK 関係上の点 $j\,(0,k_j)$，青表示に変わって信号待ち行列からの発進交通流は，飽和交通流率（2.4.2項参照）という最も交通流率の高い状態となり，QK 関係上の点 $c\,(q_c,k_c)$ で表されるとします。

　赤信号に変わって待ち行列が形成され，その末尾が上流へ伝播する停止波速度は QK 関係上の線分 aj の傾き（負の傾き）で与えられます。青信号に変わった後の発進波速度は QK 関係上の線分 cj の傾き（負の傾き）で与えられ，一般に $A<q_c$，$k_1<k_c$ ですから（停止波速度の絶対値）＜（発進波速度の絶対値）となり，上流へ伝播している停止波に発進波が追いつくと，停止波と発進波はその時点，その場所で解消します。その後は上流からの交通需要の交通状態 a と発進波の飽和交通流の状態 c との境界波速度，すなわち QK 関係上の線分 ac の傾き（正の傾き）でこの境界部分は移動するのです。

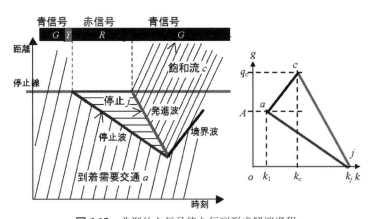

図 2.15　典型的な信号待ち行列形成解消過程

(4) 衝撃波の解析事例2：交通集中渋滞と突発渋滞

交通集中渋滞とは，図2.11のような交通容量上のボトルネックに，その交通容量を超過する交通需要が一時的に集中して起こるものをいいます。典型的には，図2.13に示すようにある時間帯に交通需要がボトルネック交通容量を超過し，その後ある時点から交通需要は交通容量を下回りやがて渋滞解消するものと考えます。この場合，図2.16のように，高い交通需要 A の条件下の渋滞車列末尾の上流延伸速度は u_{sw} で与えられます。その後ある時点で交通需要がボトルネック交通容量よりも低い B となると，そのときの渋滞解消速度は，渋

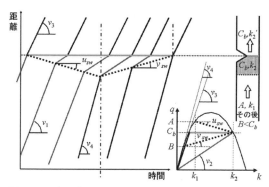

図 2.16 交通集中渋滞の場合の渋滞の延伸解消過程

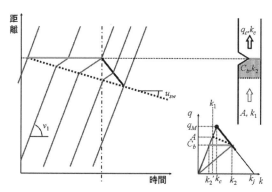

図 2.17 突発渋滞の場合の渋滞の延伸解消過程

滞車列の末尾が正の方向に移動し，その速度は v_{sw} で与えられます。

　一方，交通需要 A の変化は考えずに，事故や火事，故障などの事象 （Incident）により一時的にある場所の交通容量が C_b に低下し，相対的に交通需要 A＞突発的交通容量 C_b となって生じる交通渋滞を突発渋滞といいます。この場合を図示すると図2.17のようになり，低下していた交通容量 C_b がその後回復して本来の最大交通流性能 q_M が実現すると，QK 関係上の (q_M, k_c) と k_j を結ぶ線分の傾き（負の傾き）で渋滞車列の先頭が上流へ伝播して渋滞が解消します。

　このように交通渋滞にはいろいろな種類があり，交通需要とボトルネック交通容量の時間的変動を考えて解析しないと，誤った衝撃波の伝播方向や伝播速度，あるいは衝撃波開始位置を考えてしまうことがあります。

2.2.3　交通渋滞における需要超過割合

　交通集中渋滞を考え，もう1度図2.13に戻ってみます。図に示された需要超過時間に着目し，平均的にみて交通需要（の交通流率）は交通容量をどれだけ上回っているのでしょうか。これを首都高速道路の放射線（片側2車線）の平日の朝に典型的に見られる現象から推定計算してみましょう。

　平日の朝7時に交通渋滞が始まり9時までの2時間に渋滞長が7kmに伸びたとします。平日の首都高速ではよくあることです。このとき上流から流入する交通需要は，速度70［km/時］，交通密度20［台/km］の交通流状態としましょう。$Q=Kv_s$ の関係式を用いれば，車線当りの交通流率は $70 \times 20 = 1,400$［台/時］，2車線合計では2,800［台/時］になります。ここで交通渋滞の原因のボトルネックは都心環状線への合流部であり，その交通容量を2車線合計で2,680［台/時］とします。交通渋滞中の速度を20［km/時］とすれば，$Q=Kv_s$ の関係式より交通密度は67［台/km］となります。これらの数値の設定もだいたい現実的なものです。

　図2.18は以上の設定を図示したものです。9時にはこの7km区間全体が交通渋滞状態にあり，ここには

$$67 \,[台/km] \times 2 \,車線 \times 7 \,km = 938台$$

の車が存在します。一方，交通渋滞が始まる前の7時には，この区間に

$$20 \,[台/km] \times 2 \,車線 \times 7 \,km = 280台$$

の車が存在していたので，交通渋滞が2時間継続したことにより余分に溢れた車の台数は938−280＝658台となります。この2時間にボトルネックを通過した車両台数は2,680［台/時］×2時間＝5,360台ですので，需要超過割合は

$$(938-280) \div (2{,}680 \times 2) = 658 \div 5{,}360 \fallingdotseq 12.3\%$$

となります。

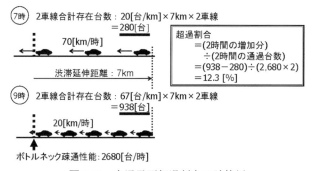

図 2.18 交通需要超過割合の試算例

　以上の試算は特殊なものではなく，通常の日常的な渋滞における交通需要の交通容量の超過割合は，首都高速道路などで十数％，一般街路で数％程度であることが知られています[1]。渋滞車列はすぐに数km，10kmと伸びて大量の車両列が形成されること，しばしば渋滞継続時間が何時間にも及ぶこと，など交通渋滞は大変激しくひどいものに見えるので，道路の交通性能（交通容量）に比較して2倍も3倍もたくさんの交通が集中しているように錯覚しやすいですが，冷静に科学的に計算すると高々この程度の需要超過割合なのです。このことを認識することは，交通渋滞対策を検討する上できわめて重要なことです。

　そこで次の2.3節では，道路の交通疎通性能である交通容量について，これまでの知見を整理した上で，交通渋滞対策技術について紹介します。

2.3　道路の交通容量と交通渋滞対策

2.3.1　単路部の交通容量

　単路部とは，分合流や交差点，あるいは料金所による停止などが何もない普通の道路区間を指します。2.1.2項に示したように，理論的にはどんな道路区間にも通行できる最大の交通流率，すなわち交通容量があります。これまでの実証的な知見に基づくと，理想条件における単路部の実1時間に通過できる最大交通量（交通容量）は，片側2車線以上の道路（多車線道路）では1車線当り2,200［台/時/車線］，往復2車線の中央分離帯のない道路（2車線道路）では往復合計で考えて2,500［台/時/往復］として，日本では『道路の交通容量』に示されています[2]。米国でも "Highway Capacity Manual" という同様のマニュアルが発刊されており，ほぼ同程度の値が示されています[3]。ここで「理想条件」とは次のような状況とされています[2]。

- ・車線幅員が十分である（3.50m以上）
- ・側方余裕が十分である（1.75m以上）
- ・カーブや勾配が交通容量状態の交通流に影響を与えない程度に良好である
- ・交通流が乗用車のみから構成される（大型車や自転車などを含まない）
- ・速度制限（規制速度）が交通容量状態の走行に影響を与えない

(1)　基本交通容量と可能交通容量

　こうした理想条件の交通容量を「基本交通容量」と呼びます。一方現実においては，上記の理想条件を満たすことはめったにありません。例えば大型車が混入すれば，1時間に通過できる車両数は少なくなるでしょう。急な上り坂勾配区間では，重たい大型車が混入することで通行できる車両数がさらに減少するでしょう。こうした現実的な条件下で実現される交通容量は「可能交通容量」と呼びます。式（2.6）により可能交通容量 C_P は基本交通容量 C_B を用いて推定計算できるものとされています[2]。

$$C_p = C_B \times \gamma_L \times \gamma_C \times \gamma_I \times \gamma_T \times \cdots\cdots \qquad (2.6)$$

ここで，γ_L，γ_C，γ_I，γ_T は各種補正係数です。例えば γ_L は車線幅員が3.25m未満になると車線幅員が狭いほど小さい値を取るもので，1.00〜0.82の範囲の値を取ります。同様に γ_C は側方余裕幅に応じて定められた補正係数，γ_I は沿道状況に応じた補正係数，γ_T は大型車の混入による補正係数です。

この中で大型車補正係数 γ_T は，大型車混入率（交通流を構成する全台数のうち大型車の占める割合 P_T [％]）と大型車の乗用車換算係数 E_T（Passenger Car Equivalence：PCE）を用いて式（2.7）で与えられます。

$$\gamma_T = \frac{100}{(100 - P_T) + E_T P_T} \qquad (2.7)$$

ここで大型車の乗用車換算係数 E_T とは，大型車1台が乗用車何台に相当するかを意味するもので，単路部の可能交通容量を計算するための E_T は，上り坂勾配とその勾配区間長，および大型車混入率に応じて表で与えられています。例えば勾配影響がない場合（勾配3％以下）の E_T は1.7〜2.1です。なお道路の勾配は，水平方向の進行距離でその間に変化した標高差を割ったものです。例えば1km進んで標高差が30mとなる道路勾配は30m÷1km＝3％となります。

ここで，式（2.7）を用いて大型車の影響を補正した可能交通容量は，乗用車台数に換算した台数で表現されます。つまり，可能交通容量は実際の通過台数ではなく，乗用車換算台数（Passenger Car Unit：pcu）という単位で表現されます。

日本では，動力付き二輪車と自転車についても乗用車換算係数を用いて大型車の場合と同様に可能交通容量への影響を補正します[2]。そのほか，急カーブや縦断勾配の変化区間，サンデードライバーと業務ドライバーなどドライバー特性の違い，トンネルなども可能交通容量に影響を与えることが知られていますが，式（2.7）の形で補正係数として統一的に定量化されるには至っていません。

(2)　設計交通容量

　現実的な道路条件，交通条件に対して可能交通容量を算定すれば，この道路に最大でどれだけの1時間当り交通需要を通すことができるかを知ることができます。ただし何か構造物を設計する場合，その構造物で持ちこたえられるぎりぎりの荷重性能で設計するのではなく，少しの余裕を考慮して設計上の標準の荷重性能（設計荷重）とするのが普通です。交通性能の設計を考える場合にも，可能交通容量に対して適当な余裕を考慮したものを設計交通容量といいます。この余裕は，格の高い道路ほど大きめの余裕を取るべきでしょうし，道路用地の確保が困難な都市部では多少余裕を少なく見積もることも仕方のないことでしょう。こうした余裕の考慮のことを，交通容量においては「計画水準」といいます。日本では計画水準1〜3まで3段階が設定されています。

　日本では，地方部と都市部の道路別に，3段階の計画水準に応じた低減率を用いて，

$$（設計交通容量）＝（可能交通容量）×（低減率）$$

として設計交通容量を計算するものとされています[2]。低減率は，地方部の計画水準1で0.75，計画水準2で0.85，都市部の計画水準1で0.80，計画水準2で0.90です。計画水準3は低減率1.00を指し，実際の計画には用いません。

(3)　交通サービスの質とサービス水準

　英語で機械などが故障する・壊れることを breakdown といいますが，交通渋滞が発生することも breakdown と表現します。つまり本来円滑に通行できるはずの道路の交通性能が壊れていると考えるのです。頻繁に「壊れる」道路は，本来，円滑な交通性能を提供することを道路交通システムのサービスと考えると，こうしたサービスの質が悪い，サービスの水準が低い，と判断することができます。米国の Highway Capacity Manual では，交通容量だけでなくこうした道路の提供するサービス性能を評価する指標（Measure Of Effectiveness：MOE）と，A〜Fまで6段階で定義されるサービス水準（Levels Of Service：LOS）について，かなりの紙幅を割いて記述していま

す[3]。MOE は道路区間によって異なり，例えば一般道多車線道路単路部では交通密度とされ，LOS-A を交通密度7［pcu/km/車線］以下，LOS-B を交通密度7〜11［pcu/km/車線］，などと定め，LOS-F は交通密度28［pcu/km/車線］以上としています。ここで一般に LOS-F が渋滞状態，LOS-A〜E が非渋滞状態を表します。また MOE は都市内街路では平均旅行速度，信号交差点では信号制御により生じる遅れ，などとしています。

こうした道路が利用者に対して提供すべき交通性能を交通サービスとして捉え，サービスの質やサービス水準を考慮した道路設計や交通流評価の方法は，日本ではまだ取り入れられてはいません。日本におけるこうした考え方や具体的な MOE や LOS の設定に関して，現在，研究が進められているところです。

2.3.2　その他の区間の交通容量

単路部の交通容量とは，基本的には図2.11に模式的に示した管で考えれば，車線数に応じて単路部の管の太さがどの程度の太さになるかを考えたものです。従って「ボトルネック」という概念は含まれていません。

一方で「交通容量」が明示的に交通流特性に影響を与える，すなわち交通渋滞の原因となるのは，ボトルネックの交通容量です。従って，どのような場所が主要なボトルネックであり，そのボトルネックがどのような交通容量を有しているかを知ることはきわめて重要なことです。

道路ネットワーク上で主要なボトルネックとして知られているのは，交差点，合流部，織込み区間（合流部のすぐ下流に分流部があるような区間），駐車場出入口などです（図2.19）。また，チケットや金銭の収受に時間がかかる料金所や，高速道路などでは単路部であってもサグ部（勾配が下り坂方向から上り坂方向へ変化する区間）やトンネル入口付近もボトルネックとなることが

図 2.19　主要なボトルネックとなる道路区間

知られています。交差点の交通容量の評価方法については2.4節で詳細に解説します。その他のボトルネックの交通容量については，実証的な分析データを整理したデータブックで一定の知見が整理されています[4]。

《コラム》サグ部がボトルネックとなるメカニズム

　これは，およそ次のように説明されています。まず，高速道路で交通需要が高まると内側の追越車線の利用率が高くなります。この追越車線上では比較的低速な車の後ろに大量の車が短い車間距離で先行車に追従して走行する状態（車群）になります。

　高速道路では勾配の変化は大変緩やかに設計されており，ドライバーにはこの勾配変化はほとんどわかりません。そのため，車群先頭車はサグ部に差し掛かると僅かに速度低下し，その後ろのドライバーはこれを車間距離の短縮として認知しますが，既に車間距離は目一杯詰めているので，これを維持しようとさらに減速します。このメカニズムが後続車へ次々と働いて後続車ほど大きく減速します。この増幅減速現象が道路上を上流へ伝播（減速波の上流増幅伝播）した結果，車群後尾の車は大きく速度低下し，その間に後ろから次々と車群が到達することにより，持続的な低速車列が形成されるのです。これがサグ部で渋滞が発生するメカニズムだと考えられています。この現象が発生する交通流率（渋滞発生前交通容量）は通常の単路部の可能交通容量よりもかなり低く，例えば，片側2車線高速道路では3,000［台/時］程度です。

図　サグ渋滞発生メカニズム

　サグ部でなくても，ちょっとした速度低下が後続の車群で減速波上流増幅伝播することがありますが，通常は交差点の発進波のように強い加速波が上流へ高速伝播し，低速車列は比較的簡単に解消します。しかしサグ部では，サグ部の上流区間と同じつもりで加速しようとしても，勾配変化のために加速が弱くなり，車間距離がなかなか縮まりません。その上，サグ部の勾配変化は緩やかで，加速が弱くなっていることに気づきません。その結果，サグ部からその下流区間にかけて加速が弱いまま車間距離はなかなか縮まらず，やがて十分下流の場所では，いつの間にか高速な非渋滞状態に移行してしまっているのです。

　サグ部では，一旦交通渋滞が発生すると，交通容量（渋滞発生後交通容量）が
さらに低下します。これは，ドライバーは渋滞中を低速で長い時間走行すること
で，疲れ，飽きが生じ，前の車が発進・増速しても，それほど熱心に前方車に追
従しなくなるためです。そのためサグ部の弱い加速による速度回復時の車間距離
はますます長くなり，その結果車頭時間も長くなって，交通流率が低下するので
す。このメカニズムは，渋滞中を走行する時間（渋滞巻き込まれ時間）に関係す
ると考えられています。実証分析によれば，渋滞発生後交通容量は，渋滞巻き込
まれ時間が約10分に達するまでこの巻き込まれ時間に応じて大きく低下し，これ
以上巻き込まれるとあまり変わらないことが確認されています。その結果，片側
２車線高速道路の渋滞発生後交通容量はおよそ2,200～2,700［台/時］程度で，
通常区間の可能交通容量の６割程度まで低下するのです。
　トンネル入口付近では，トンネル進入時にドライバーが心理的に狭く暗い空間
に入ることで無意識に速度低下させることが原因と考えられています。

2.3.3　ボトルネック交通容量と渋滞対策

(1)　高速道路のボトルネック

近年，日本の高速道路などでは自動料金支払いシステム（Electronic Toll
Collection：ETC）が急速に普及したおかげで，料金所をボトルネックとする
交通渋滞はほとんどなくなりました。一部高速道路などの出口をボトルネック
とする交通渋滞も残っていますが，その多くは出口料金所ではなく，その先に
一般道と接続する平面交差点が原因です。

　現在の日本の高速道路における最も多い交通渋滞は，サグ部やトンネル入口
付近をボトルネックとするものです。ではこれらの区間がなぜボトルネックに
なるのでしょうか。そのメカニズムは上のコラムで紹介したとおりです。

　合流部や織込み区間では，この区間における車線変更挙動が原因と考えられ
ています。ただし合流部・織込み区間では，上流側の総車線数よりも車線数が
減少することが多く，この減少した車線数の単路部区間の通常の可能交通容量
と同等の交通容量が実現している場合があります。この場合，単に交通需要に
対して相対的に車線数が不足することが原因と考えるべきでしょう。合流部・

織込み区間において，純粋に車線変更挙動が原因で交通容量が低下していると考えられるボトルネック現象は，日本ではあまり知られていないようです。

　これらのボトルネック交通容量の増大策として，抜本的にはボトルネック部分の車線数を増やしたり，道路ネットワークを拡充して交通を分散させたりする施策がありますが，そのためには長い時間と高額な建設費が必要です。サグ部やトンネル入口をボトルネックとする場合の渋滞発生前交通容量の増大策としては，そのメカニズムに応じた対策案がいくつか検討されています。追越車線への偏りを防ぐために情報提供で追越車線への車線変更を抑制したり[5]，上流区間で付加車線区間を設けて車線利用率を矯正する手法も考案されています[6]。また車群中で詰めすぎの車間距離を矯正し，減速波の発生や伝播の抑制を図ることも有効でしょう。それでも渋滞が発生してしまった場合には，渋滞発生後交通容量の低下を防ぐことが重要です。渋滞先頭位置をドライバに情報提供して，ここから元気よく加速してもらって交通容量を増大させる試みなども，一定の成果を挙げているようです[7]。

(2)　一般街路のボトルネック

　一般街路には信号交差点があり，単路部よりも通行できる時間が制限されますので，通常は信号交差点のうち，最も交通容量の低い交差点がボトルネックとなります。特に交差点流入部付近に路上駐停車があるために，最大交通流率である飽和交通流率で青信号の時間が十分に利用できないことが，ボトルネックの原因となることがあります。また，右折車線長が不足して右折車がオーバーフローして直進車線をブロックしたり，左折車と歩行者の交錯によって歩行者待ち左折車が直進車の進行を妨げたりすることも，ボトルネックになる大きな要因となることがあります。

　こうした信号交差点ボトルネックの場合は，平面交差点の改良（例えば僅かな拡幅と車線幅員減少により右折車線をもう1車線増設する），信号制御の改良（信号パターンや青時間配分の見直し），路上駐停車の徹底排除などにより，交通容量を増大させて交通渋滞を緩和，解消できる場合があります。

　そのほか一般街路では，しばしば路外駐車施設への出入口が原因となる交通

渋滞もあります。特に休日の大型商業施設などの周辺で顕著です。こうした施設への流出入経路を適切に設定することや，そもそも街路ネットワークの交通処理能力を超えるほど大規模な商業施設の立地を抑制することなどが必要と考えられますが，施設内に待ち行列の収容空間を十分に設けることも有効です。

(3)　交通需要の調整策

交通渋滞やボトルネックの種類によらず，交通渋滞対策の一般原則は，ボトルネック箇所を特定し，ボトルネックの交通容量と渋滞の原因となる交通需要集中の時空間変動特性をよく把握した上で，交通容量の増大策と集中する交通需要の調整策の両面を考える必要があります。

(1)，(2)では主にボトルネック交通容量の増大方法を簡単に紹介しました。一方で交通需要を調整する，つまりボトルネック交通容量を超過するような交通需要の集中を抑制する施策もあります。交通需要の調整策を総称して交通需要マネジメント（Travel Demand Management：TDM）と呼び，その概要は3.4.2項で紹介していますが，ここでは特に超過交通需要の時間分散と空間分散について少し説明します。

2.2.3項に示したように，多くの交通渋滞ではボトルネック交通容量に対して超過している交通需要の超過割合は数％〜十数％に過ぎず，またこの需要超過時間は渋滞開始から最初の比較的短い時間帯だけです。この時間帯にこの超過割合の交通需要を，どこか別の道路や別の時間帯に振り分けることができれば，交通渋滞を発生させずに済むのです。そこで，まだ交通容量に余裕のある道路ネットワークに空間的に交通需要を分散させることを空間分散，使う道路は変えずに通行する時間を変えることを時間分散といいます。2.5.1項に出てくるVICSに対応したカーナビで渋滞を避けるルートを選択するような方法が空間分散方策の典型です。一方，ボトルネックに対する時間的な交通需要の集中を，交通容量に余裕のある前後の時間帯へずらすために，例えば時差出勤を導入するのもひとつの時間分散方策になります。

比較的現実的な道路ネットワークとその交通条件を用いて，空間分散と時間分散の有効性を検討した研究によれば[8]，交通需要が集中するときには周辺道

路ネットワークもかなり混雑しており，空間分散により交通渋滞を軽減する効果はあまり期待できないとされています。むしろ少しずつ時間を前後にずらして交通需要の時間的集中を分散させて平準化させたほうが，有効に交通渋滞を軽減できることが示されています。

2.4　平面交差点の交通容量と制御

2.4.1　平面交差点の種類

　道路と道路は相互に接続してネットワークを形成することで，いろいろな場所を相互に結びつけることができます。道路同士の接続なしに道路ネットワークは成立しません。こうした接続形態には立体交差と平面交差の2通りの方法があります。これらの接続方式の設計については4.3節で紹介します。このうち平面交差部を走行する車の運動軌跡（動線または流線といいます）は，互いに交差することがあるため，衝突やニアミスなどの交通交錯要因となって交通安全上大きな問題になります。実際，5.1節に示すように交通事故発生件数や死亡事故件数の約半分は平面交差点で発生しているのです。

　平面交差点には様々なものがあります。a)交通信号も規制標識も何も設置されずに，交差点の一般的な通行ルール（左方優先）で運用されるもの，b)一時停止により非優先方向の流入部からの進入が規制されるもの，c)一方通行の

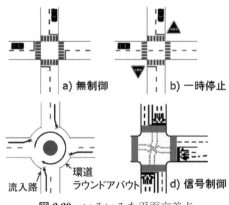

図 2.20　いろいろな平面交差点

円形交差点で環路優先・流入路非優先で運用されるラウンドアバウト
（Roundabout）と呼ばれる比較的新しいもの，そして d)信号制御交差点があ
ります（図2.20）。a)から d)になるほど多くの交通量をこれらの交差点で処理
できるようになります。a)，b)の方式では，条件によってはまったく減速せ
ずに交差点へ進入でき，そこへ交通交錯が生じると交通事故につながりかねま
せん。一方 c)では全流入方向が常時非優先であることが特徴であり，d)では
交通量によらず赤信号では停止して待ち続けなければならない点が特徴的で
す。

2.4.2 ラウンドアバウト

図2.20c)のラウンドアバウトは，近年欧米各国などで急速に導入が進められ
ている平面交差制御の形態で，環道優先制御と言います。これは，旧来の大き
な円形交差点（ロータリー）とは大きく異なり，流入路から流入する車両より
も環道走行車両（または環道からの流出車両）を優先する制御です。旧来のロー
タリーでは，高速に流入する車両が優先され，環道側が非優先で停止するこ
とで環道が停止車両で満たされて直ぐスタックしてしまい，安全性も交通処理
性能も低いものでした。一方，ラウンドアバウトには，一定の交通需要以下で
あれば，無駄に赤信号で止まらないため比較的遅れが少なく利用者に好評なこ
と，通常の平面交差よりも動線の交錯点の数が少なく慣れれば安全確認の負担
が大幅に軽減されること，全ての流入部が非優先で減速を促すため重大な交通
事故が激減する，といった利点があります[9]。近年，日本では，交通信号機や
その付属機器の維持管理や更新の費用が各都道府県警察の大きな負担であるの
に対し，交通信号に頼らないラウンドアバウトは魅力的な代替案となるため，
普及が推進されています。

2.4.3 信号交差点の交通現象

特に都市部の多くの平面交差点では，交通量が多いため信号交差点が多く必
要です。信号交差点は，2.3.3項でも紹介したように一般街路のボトルネック
となって渋滞の原因となることも多く，交通容量を適切に設計することが重要
であり，また不適切な制御では無駄に信号待ちを生むために，制御の設計も適

切である必要があります。もちろん安全性に十分配慮すべきことは必須条件です。こうした複雑かつ重要な意義をもつ信号交差点について，以下ではその特徴を整理するとともに，交通信号制御設計の基礎について解説します。

(1) 中断流区間

　道路の単路部や分合流・織込み区間など，交通流に外部から強制的な介入がない道路区間は，下流のボトルネックを原因とする交通渋滞が生じない限り，QVK 関係の高速・低密度側の交通流状態で安定して交通が流れます。こうした道路区間のことを連続流区間（Uninterrupted Flow Facilities）と呼びます。

　一方，信号交差点流入部は中断流区間（Interrupted Flow Facilities）と呼ばれます。すなわち，交差点へ流入する交通は信号機により強制的に介入され，交通需要が少なくても赤信号では停止を強いられます。

　信号交差点に流入する交通需要が多い場合には，赤信号表示時間の間に十分な数の車両が信号待ち行列を形成します。この状態で青信号表示に変わると，行列中の車が次々と発進します（その時間距離図上の現象は図2.15を参照）。信号交差点流入部で信号待ち行列から次々に発進する交通流状態を飽和交通流といい，これは実現可能最大交通流率であり，これを飽和交通流率（Saturation Flow Rate）と呼びます。飽和交通流率は，経験的にある程度一定の値が実現されることが知られており，日本のマニュアルに基本的な値が記述されています[10]。

(2) 飽和交通流率

　基本飽和交通流率とは，単路部の基本交通容量と同じような理想条件（2.3.1項参照）における値であり，日本では車線別に直進車線で2,000［pcu/車線/有効青時間］，右折や左折の専用車線では1,800［pcu/車線/有効青時間］とされています[10]。ただし，近年，この値が年々低下していることも指摘されています[11]。有効青時間（effective green time）とは，実際の交通量を飽和交通流状態で等価に処理できる時間を指し，有効青1時間とは有効青時間の1時間当りで交通流率を表現することを意味します。理想条件では乗用車のみの台数となりますから単位も pcu で表現します。

　一方，最新の信号交差点設計マニュアル[10]では，道路・交通・周辺条件に応じて基本飽和交通流率よりも低くなる場合の多い実際の飽和交通流率については，その条件下で実測するか，よく似た条件下の計測値を参考にすることとしています。飽和交通流率の実測では，十分な待ち行列があり，先詰まりが発生していないことを確認し，車線別の車頭時間のサンプル数が30〜50以上となるよう十分なサイクル数で調査し，その他の攪乱要因も排除して得られた車頭時間の平均値の逆数として導出するのが一般的な方法です。

　交差点流入部には，1つの車線で直進と左折（右折）の両方が許される混用車線もあります。直進左折混用車線の飽和交通流率は，直進専用車線の飽和交通流率と，左折車と横断歩行者との交錯により左折車の通行が阻害される影響を考慮した左折専用車線の飽和交通流率を，左折車混入率で加重平均して求める方法もあります。右折専用車線では，右折車は対向直進車を優先して直進車の間隙を縫って通行できる台数が制約されることを考慮して飽和交通流率を求め，直進右折混用車線の場合も直進左折混用車線と同じ考え方を適用できます。これらの計算の詳細については専門書[10]に譲ることにします。

(3)　有効青時間と損失時間

　十分な待ち行列が形成されていれば，青信号表示時間では飽和交通流になるわけですが，個別車両に着目すると少し状況が違います。信号待ち先頭車は，青信号表示に変わったことを確認して動き始めますが，この車（例えば先端位置）が停止線を通過するのは青信号表示の開始から少し時間を要し，これを発進遅れといいます。行列の2台目も，先頭車が動いてから動き出して停止線を通過しますが，停止線通過時の速度はまだ低速で車頭時間は比較的長くなります。3台目，4台目も同じような経過をたどりますが，4台目以降くらいからは停止線通過時の速度と車頭時間（の期待値）がほぼ一定で，この状態の平均車頭時間の逆数を取れば飽和交通流率となることが一般に知られています（前ページ参照）。

　以上の状況を模式的に交通量累積図で示したものが図2.21です。図の下には信号灯の状況を青信号表示＝G，黄信号表示＝Y，赤信号信号＝Rで示し，上

《コラム》飽和交通流率がほぼ一定である証拠の例

　図はある交差点で観測した車頭時間分布の例[4]です。この図の通過順番1の車頭時間とは，青信号開始から先頭車が停止線を通過してその次の車が停止線を通

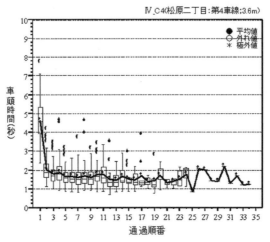

IV_C4(松原二丁目:第4車線;3.6m)

図　飽和交通流率の実態（通過順番別車頭時間分布図）

過するまでの時間を指しています。従ってこの図の通過順番は，本文中の台目よりも1少ない値となります。図より通過順番＝3，すなわち信号待ち行列の4台目以降の車頭時間の平均値はほぼ一定となる傾向がわかります。

側が当該流入方向，下側が交差方向です。累積交通量曲線が一定の傾きとなったところが飽和交通流です。傾きが飽和交通流率 s となる直線を外挿して青開始時の累積交通量と交わる時間が有効青時間 G_e の開始タイミングで，青信号 G の開始から有効青時間 G_e の開始までを発進損失時間（Start-up Lost Time）といいます。

　1台1台の車頭時間は期待値の周りに変動するので，青信号表示から黄信号表示，赤信号表示に切り替わるときの最終通過累積台数は毎回違います。しかし期待値としては，黄信号表示中に最終車が通過するでしょう。飽和交通流の

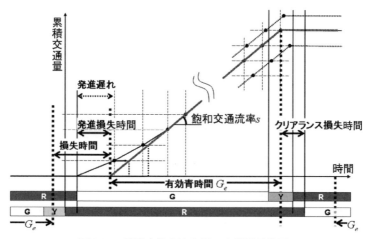

図 2.21　信号交差点流入部の交通量累積図

まま最終車が通過する場合は，この通過タイミングが有効青時間 G_e の終了
で，これから次の方向の青信号表示開始までをクリアランス損失時間
（Clearance Lost Time）といいます。なお多くの場合，対象方向が赤信号表示
に変わってから少し余裕をおいて次の方向が青信号表示になります。この余裕
時間はどの方向も全て赤信号表示なので，これを全赤信号表示時間と呼びま
す。

　一般に，信号灯の表示状態が青・黄・全赤・次の方向の青・黄……と繰り返
して，やがて1周することをサイクルと呼びます。一方，交通流に着目する
と，発進損失時間・有効青時間・クリアランス損失時間・次の方向の発進損失
時間・有効青時間・クリアランス損失時間……でサイクルが構成されていると
見ることもできます。ここで1回の信号の切り替りには，前の方向のクリアラ
ンス損失時間と次の方向の発進損失時間を合計した損失時間があると見ること
もできます。つまり信号のサイクルを，有効青時間と損失時間の2種類だけで
表現できるのです。

2.4.4　信号交差点の交通処理性能

　図2.22は，典型的な信号交差点で南北・東西の2方向に交通整理を行う2現

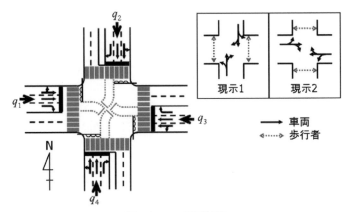

図 2.22　2 現示制御

示制御を示します。ここで、西側流入路における東行の交通需要 [pcu/時] を q_1、北側から南行の交通需要を q_2、西行を q_3、北行を q_4 とします。また東行、南行、西行、北行の流入路全体の飽和交通流率 [pcu/有効青時 1 時間] をそれぞれ s_1, s_2, s_3, s_4 とします。ここで $q_i/s_i = \lambda_i$（$i = 1 \sim 4$）を各流入路の需要率※と呼びます。需要率＝0.5とは、単位時間の半分の有効青時間（連続している必要はないため、1 サイクルが60秒でそのうち30秒が有効青時間の状態を 1 時間中に60回繰り返してのべ30分の有効青時間でよい）があれば処理できる交通需要を意味します。つまり需要率とは、その方向の交通需要の処理に対して「必要最小限の有効青時間の割合」（これを必要現示率と呼びます）に相当します。

　現示 1 では q_1 と q_3 の 2 つの流入方向に同時に青信号が表示されるので、東行流入路の需要率 λ_1 と西行流入路の需要率 λ_3 のうち大きいほうの値を考えると、これを現示 1 の需要率 λ_{P1} といいます。現示 2 では、2 方向の需要率 λ_2 と λ_4 のうち大きいほうの値が現示 2 の需要率 λ_{P2}（必要現示率）になります。

※　需要率（flow ratio）とは2006年版「改訂　交通信号の手引」から新たに導入された用語です。それ以前は、各流入路（または車線別）の需要率を正規化交通量、現示の需要率を現示の飽和度、交差点需要率を交差点飽和度と呼ぶことが一般的でした。

　1サイクルは2つの現示で構成され，その需要率 λ_{P1} と λ_{P2} の和を取ったものは全方向合計で必要な必要現示率，すなわち全現示に必要最小限の総有効青時間の割合を意味し，これを交差点需要率 λ（$=\lambda_{P1}+\lambda_{P2}$）と呼びます。ここで，信号制御には図2.21に示す損失時間が各現示切り替りに存在するため，$\lambda=1$ では実際には交通を処理し切れず，現実的に処理可能な最大の交通需要条件は，1未満のある適当な値となります※※。これを超えると1サイクルで処理し切れない交通が生じる過飽和状態（Over Saturation）になります。これは少なくとも1つの流入部に（飽和交通流率×有効青時間＝交通容量）を超過した交通需要が到着し，その方向で交通渋滞が生じることを意味します。逆に，交差点需要率 λ に余裕がある場合は，青時間配分（これを青時間スプリットと呼びます）を適切に設定すれば交通渋滞を避けることができます。

　このように，交差点需要率は交通渋滞状態の判定指標ですので，大変重宝されて用いられています。しかし交差点需要率は，交通信号制御の設計においてはあくまでも交通処理の可否を一定精度で判定する指標に過ぎず，それ以上の意味は持ちません。つまり交差点需要率は（妥当な精度で推定されている限り）過飽和状態を起こさない最大値以下でありさえすればよく，交差点需要率が小さいほど望ましいわけでもなければ，決まった何か最適な需要率があるわけでもなく，信号制御の設計は次の2.4.5項に示す考え方に基づく必要があります。

　ここで，いくつかの実務上の問題点を指摘しておきます。まず交差点需要率の推定精度は，交通需要と飽和交通流率の推定精度に依存します。

　また，適切な方法で調査しないと正しく交通需要を知ることができない点にも留意が必要です。交通需要を調査するには，信号待ち行列の末尾より上流位置で観測する必要があります。また対象流入路が過飽和状態にある場合は，上流で観測した到着交通需要に捌き切れずに残った超過需要を加えて交通需要を評価する必要があります。また過飽和時の待ち行列が別の上流交差点に延伸す

※※　以前は，交差点需要率の最大値を0.9としていましたが，この値は現示の数，損失時間，サイクル長によって異なるため，最新のマニュアル[13]では値を明記していません。

ると，この上流交差点では青時間中に飽和交通流率が成立せず，上流交差点の交通処理性能は適切に評価できなくなります。こうした複雑な現象を伴う過飽和時の道路ネットワーク上の交通流は需要率では評価できず，ネットワーク交通シミュレーション（3.4.4項参照）を適切に利用する必要があります。

2.4.5　交差点信号制御の設計

(1)　制御設計の考え方

　信号交差点では，交通動線の交錯を時間的に分離し，交差点需要率を非飽和状態を実現する最大値以下に抑える必要があります。交差点の信号制御の設計とは，現示組合せの設計，サイクル，青時間スプリット，オフセット（隣接信号交差点との青時間開始タイミング）などの時間配分の設計を行うことです。信号制御では，利用者の信号待ちによる遅れ時間をできるだけ小さくするように制御パラメータを決めます。遅れ時間とは，対象とする区間の実際の旅行時間と信号がなかったとした場合の旅行時間との差です（図2.10参照）。つまり交差点信号制御の設計は，一種の最適化問題を解くことであり，遅れ時間を目的関数とし，これを最適化（最小化）するように制御パラメータを決定します。

　ここで，交通安全の観点からは，全ての動線交錯を排除するように現示を決めるべきでしょう。図2.23は動線交錯を一切排除した現示組合せ例（いずれも4現示制御）です。ただしこれを実現するには，各流入路の各方向別の矢印信号灯と専用車線を確保し，交差点需要率が最大値以下に収まるように設計し，信号灯器位置や交通島の適切な配置，これらを実現するだけの交差点用地の確保（もちろん予算も）など様々な条件が必要です。実際は主に用地や費用制約とのトレードオフの中で，図2.22のような2現示制御としたり，折衷的な制御設計としたりして，妥協を図る必要がある場合が多いのです。

　目的関数となる遅れ時間は，基本的には全流入方向の交通需要について各車両の遅れの総和または平均です。しかし現実には全車の遅れを計測して制御することは極めて困難です。そのため，理論的な解析結果を踏まえた各制御パラメータの決め方の基本的な考え方[10]が整理されており，これに基づいて制御

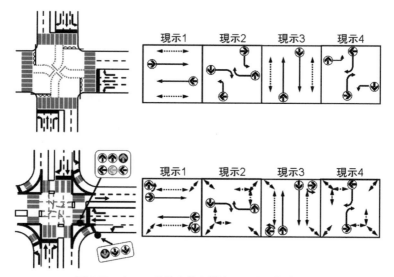

図 2.23 全ての動線交錯を排除した現示組合せ例

設計されることが一般的です。

(2) サイクル

図2.24は1流入部の交通量累積図です。図2.21の交通量累積図では有効青時間が過飽和状態の流出曲線のみを示しましたが，図2.24には一定の交通流率 q の交通需要の到着曲線も描いています。また過飽和状態ではないため，青時間の最初は飽和交通流で，途中から信号待ち行列が解消して到着と流出が一致します。これが図2.15に時間距離図で示す流入部の一般的な交通状況です。

図2.24の到着曲線と流出曲線の横軸のずれは各車の遅れ時間ですので，2曲線で作られる1つの三角形の面積は，（この流入部の）1サイクルあたり総遅れ TD になります。ここで飽和交通流率を s，サイクルを C，青時間（正確には有効青時間）を G として図形的関係を定式化すれば，TD は次のようになります。

$$TD = \frac{sq(C-G)^2}{2(s-q)} = \frac{q(1-g)^2C^2}{2(1-\lambda)}, \quad ここに, \ g=G/C, \ \lambda=q/s \quad (2.8)$$

61

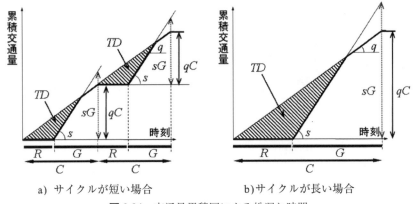

a) サイクルが短い場合　　　　　b)サイクルが長い場合

図2.24　交通量累積図による総遅れ時間

また，1サイクルあたりの到着・流出台数は qC で与えられますので，1台あたり平均遅れ時間 $\bar{d}$ は次のようになります。

$$\bar{d}=\frac{TD}{qC}=\frac{(C-G)^2}{2C(1-\lambda)}=\frac{(1-g)^2}{2(1-\lambda)}C \tag{2.9}$$

図からわかるように，青時間スプリット（$g=G/C$）を一定に保ってサイクルが大きくなるほど，三角形の面積も相似的に大きくなります。このことは式からわかるように，1サイクルあたり総遅れ時間 TD は C の2乗に比例し，1台あたり平均遅れ時間 $\bar{d}$ は C に比例します。1時間あたりサイクル数はサイクルに反比例しますので，単位時間あたりの総遅れ時間と1台あたり平均遅れ時間は，いずれもサイクル C に比例します。

式（2.9）の1台あたり平均遅れ時間は，到着交通需要が一定の交通流率（一様到着）となる条件の場合に成立します。一方，完全に到着がランダムな場合（ポアソン到着，その意味については5.2.2項を参照）の1台あたり平均遅れ時間は，式（2.10）で与えられることが知られています[10]。

$$\bar{d}=\frac{(1-g)^2}{2(1-\lambda)}C+\frac{X^2}{2q(1-X)}, \text{ここに } X=q/(sg)=\lambda/g=\lambda C/G \tag{2.10}$$

式（2.9）と式（2.10）のサイクル C と平均遅れ時間 $\bar{d}$ の関係を図示すると

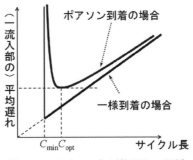

図2.25 サイクルと平均遅れの関係

図2.25のようになります。つまり一様到着条件では，限界最小サイクル C_{min} までは1台あたり平均遅れ時間はサイクルに比例し，サイクルが短ければ短いほど1台あたり平均遅れ時間を小さくすることができます。一方，ランダム到着条件では1台あたり平均遅れ時間とサイクルは非線形な関係となり，サイクルが C_p のときに1台あたり平均遅れ時間を最小化できます。

　ここで信号交差点では現示の切り替え時に損失時間が発生し，サイクル C のうち1サイクルあたり損失時間 L については，どの現示方向にも有効青時間を提供できない時間となります。従って信号交差点が提供できる全方向に対する現示率の最大値は $(C-L)/C$ となります。そこで交差点需要率（必要現示率）を λ とすると，$(C-L)/C \geq \lambda$ でなければその交通需要を渋滞なしに処理することはできません。この不等式を書き換えると限界最小サイクル C_{min} が計算されます。

$$C_{min} \leq \frac{L}{1-\lambda} \tag{2.11}$$

　一方，C_p の厳密解を求めることは簡単ではありませんが，英国道路研究所のウェブスター（Webster）[12]は，ランダム到着条件における1台あたり平均遅れ時間を最小化するサイクル C_p を計算機実験で求め，これを近似した簡易推計式（2.12）を提案しています。

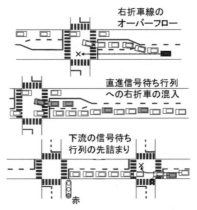

図 2.26　長すぎるサイクル長の弊害

$$C_p \leq \frac{1.5L + 5}{1 - \lambda} \qquad\qquad (2.12)$$

　2現示制御で，1回の信号現示切り替え時の損失時間が5秒では，$L = 5 \times 2 = 10$秒となり，式（2.12）の C_p は式（2.11）の C_{min} のちょうど2倍の値となります。例えば $\lambda = 0.8$ では $C_{min} = 50$秒（$C_p = 100$秒），$\lambda = 0.9$ では $C_{min} = 100$秒（$C_p = 200$秒）と計算されます。式（2.11）の C_{min} は，完全に一定の車頭時間で交通が到着する一様到着条件でのみ採用可能なサイクルであり，実用的には採用できません。一方，式（2.12）の C_p は完全にランダムな交通（ポアソン到着）を仮定したものですが，交通需要が増大すると車群が形成されるようになってポアソン到着条件は成立しなくなることが知られており，また隣接交差点の影響がある場合にもポアソン到着とは異なるパターンで交通が到着するので，C_p を採用しても必ずしも遅れ時間を最小化できるわけではありません。そこで実際には，C_{min} と C_p の間のサイクルを用いることが望ましいと考えられています。

　長すぎるサイクルは，長い赤信号待ちによるドライバーへの心理的影響に加えて，長い待ち行列が様々な弊害を生みます。例えば図2.26に示すように，右折車の待ち行列が右折車線に収まり切らずに本線まで伸びることで本線の直進

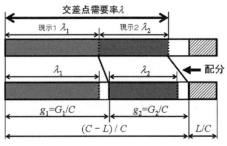

図 2.27　スプリット配分

車の通行を阻害したり，待ち行列の上流側に右左折車が混在してこれが途中で車線変更することで直進の飽和交通流率が青信号表示時間の後半で低下したり，上流側の近接交差点へ待ち行列が延伸することで上流交差点が先詰まりを起こして上流交差点の交通処理性能を低下させてしまったりすることです。そのため，実用的にはサイクルは120秒程度を超えないこと，できるだけ短いサイクル長となるよう[10]，秒単位に丸めてサイクルを決定します。

(3)　**青時間スプリット**

　青時間スプリットとは現示ごとに定義されるもので，各現示の有効青時間のサイクルに対する割合のことです。有効青時間 G_i は，サイクル C から1サイクルあたり損失時間 L を差し引いたものを，現示の需要率 λ_i で比例配分して決めます。図2.27はこの考え方を示したものです。サイクル C は交通需要条件である交差点需要率 λ に対して，$\lambda<(C-L)/C$ となるよう定められています。従って，λ は $(C-L)/C$ に対して余裕があります（図中の白抜き部分）。そこで，この時間割合の余裕を交差点需要率 λ に対する各現示の需要率 λ_1, λ_2 の割合に比例して配分することで，公平に時間を割振ることになります。これを式で表すと式（2.13）のようになります。なお実際の信号の青表示の時間は1秒単位に丸めて決定されます。

$$G_i=(C-L)(\lambda_i/\lambda) \tag{2.13}$$

　ここで，式（2.13）より青時間スプリット g_i は式（2.14）のように表され，

これを変形すると式（2.15）の関係が得られます。

$$g_i=(1-L/C)(\lambda_i/\lambda) \tag{2.14}$$

$$\lambda/(1-L/C)=\lambda_i/g_i=(q_i/s_i)/g_i=q_i/(s_ig_i) \tag{2.15}$$

式（2.15）の左辺は現示によらず一定ですから，$\lambda_i/g_i=q_i/(s_ig_i)$ が現示によらず一定であることを意味します。すなわち各現示に青表示される流入路や車線のうち最も需要率の高い流入路や車線の交通需要 q_i とその交通容量 s_ig_i（その流入路の飽和交通流率とスプリットの積）の比 $q_i/(s_ig_i)$，すなわち交通需要と交通容量の比（需要容量比）※が現示によらず一定になるのです。式（2.13）で得られる有効青時間は，現示によらず等しく設定したことになります。

　以上の計算法は，同じ現示に対して有効青時間決定に用いられない流入路は考慮されていないため，全流入路の総ての交通に対する 1 台あたり平均遅れ時間の最小化は保障されません。さらに現示もしくは流入路別の遅れ時間が必ずしも適切に割り振られる保障もなく，ある現示方向の遅れ時間が大きくなる可能性があります。

⑷　歩行者横断に必要な歩行者青信号表示時間の確保

　ある現示で一緒に歩行者を横断させる場合は，歩行者の横断に必要な時間を確保しなければなりません。歩行者が横断歩道を渡るのに要する時間は，横断歩道の長さ［m］と同じ秒数とします。これは歩行者の速度を1.0［m/秒］としていることに相当し，この速度は実態調査によれば10％タイル速度に当たります[10]。式（2.13）の計算結果が歩行者横断に必要な青信号表示時間に満たない場合には，これを確保するように有効青時間やサイクルを修正しなければなりません。

　横断歩道に対して歩行者用信号機が設置されている場合，一般に車両に対す

※　式（2.10）の X は，交通需要と交通容量の比（demand capacity ratio, q/c）です。海外の文献には，$X=q/c$ を degree of saturation（和訳すると "飽和度"）とするものがあるので，以前の飽和度（$=q/s$）との混乱を避けるため，q/s を「需要率」と再定義されました。

る信号灯が青信号表示の間に，歩行者信号灯の青信号表示（Pedestrian Green：PG），青点滅表示（Pedestrian Flashing：PF），および赤信号表示だが車両に対する信号灯は青信号表示（Pedestrian Red：PR）の3つの状態（ステップと呼ぶことがあります）があります。基本的には，PG＋PF の値が歩行者横断に必要な青信号表示時間以上でなければなりません。PF は道路交通法における青点滅の意味に従って，歩行者横断に必要な青時間の半分以上でなければなりませんが，長すぎる PF は違法横断を助長するおそれもあると考えられており，適切に設定する必要があります。なお PR は，特に左折車が多い場合に歩行者と左折車が交錯することで左折車の交通処理が不十分になるおそれがある場合に設定されます。

(5) 黄信号表示時間と全赤信号表示時間

車は急には停止できません。黄信号表示時間は停止に必要な時間を確保すると同時に，停止できないほど停止線に近い位置にいる車を通過させるために設定されます。黄信号表示時間開始時点に停止線から次式の L より遠い車は停止することができます。

$$L = \tau v + v^2/(2d)$$

ここに，τ：運転者の反応時間

v：交差点進入速度［m/秒］

d は平均減速度［m/秒²］

τ（運転者の反応時間）は，黄信号表示時間開始からブレーキが効きはじめるまでの時間を意味し，これは1［秒］とされています。一方，黄信号表示時間を Y［秒］とすると停止線から Yv［m］より近い車両は赤時間開始前に停止線を通過できます。両者は独立な関係ですので，黄信号表示時間が短すぎると停止もできず通過もできない範囲（ジレンマゾーン）が広くなり，黄信号表示時間が長すぎると停止も通過もどちらもできてしまう範囲（オプションゾーン）が広くなり，いずれも安全上望ましくありません。従って進入速度に応じて適切な黄信号表示時間を設定することが重要です。しかし交差点毎に黄信号

表示時間が異なることは運転者にとって混乱の原因ともなります。そのため，日本では3秒または4秒（規制速度が高い場合）の黄時間が主に用いられています。

一方，停止線から Yv [m] より近い車両が赤信号表示開始前に停止線を通過しても，その後に交差点内を通行するため，すぐに次の現示方向の信号を青信号表示にすると交差点内で交錯が生じるおそれがあります。そのため，次の現示の青信号表示開始まで全方向を赤信号表示にする必要が生じます。これを全赤信号表示時間といいます。

全赤信号表示時間は交差点の大きさや形状（幾何構造）と現示組合せで決まります。例えば図2.28の上の例のように，現示1の直進左折矢印信号から現示2の右折専用信号への切り替えでは直進と対向右折が交錯します。直進車の停止線から交錯点までのクリアランス距離 D_c と右折車の停止線から交錯点までのエンタリング距離 D_e には一般に $D_c < D_e$ の関係が成立し，また一般に右折車のほうが直進車より遅いことも考慮すると，この現示切り替えには全赤信号表示時間はほとんど不要であることが分かります。一方，図2.28の下の例のように，現示3の青信号表示から現示1の交差方向への切り替え時は，直進と交差方向直進とが交錯します。この交錯点までの D_c が D_e より大きいことと進入速度が同等であることを考えると，危険な交錯現象の防止には一定の全赤信号表示時間を設ける必要があることが分かります。

黄信号表示時間とこれに続く全赤信号表示時間をクリアランス時間と呼ぶことがあります。青信号表示終わりの処理の時間という意味です。実務上しばしば便宜的にはクリアランス損失時間と発進損失時間（2.4.3項参照）の和はクリアランス時間に等しいとされ，従って青信号表示の時間は有効青時間と同じ長さとしています。しかし，黄信号表示時間は交差点進入速度，全赤信号表示時間は交差点幾何構造に依存し，発進損失時間は青信号表示開始時の運転者特性，クリアランス損失時間は停止判断タイミングに依存するので，原理的にこの実務上の扱いが成立する保障はありません。またクリアランス時間の設定によって，その現示切り替り時の損失時間も変わり得ます。

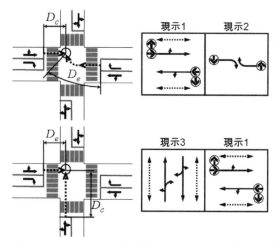

図2.28　クリアランス距離とエンタリング距離の例

　交通信号制御により交錯動線を分離する目的からは，適切にクリアランス時間を設定して安全を確保しなければなりません。一方で，例えば交差点需要率$\lambda=0.8$で1サイクルあたり損失時間を10秒から1秒縮められるとすると，式（2.11）による$C_{\min}$は50秒から45秒へ，式（2.12）によるC_pは100秒から92か93秒へと，それぞれ1割ほど短くなりますので，損失時間の適切な評価はサイクルCの設定，およびその交差点で生じる遅れ時間に大きく影響します。様々な現示組合せに対して，安全性から見た適切なクリアランス時間の設定と，円滑性から見た損失時間（およびサイクルと遅れ時間）の適切な評価については，まだこれから実証，理論両面の検討が必要とされている重要な課題です。

(6)　単独交差点の信号制御パラメータ設計例

　ここでは，信号制御パラメータの設計例を簡単に紹介します※。図2.29のような十字交差点に対して，ピーク時の各方向の設計交通量が与えられ，勾配は

※　この計算例は参考文献[10]の付録3に提示された例題です。本書では計量の基本的な流れを示しますので，複雑な計算の詳細と，計算結果の算定根拠はこの参考文献を参照してください。

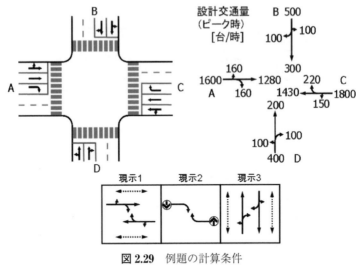

図 **2.29**　例題の計算条件

どの流入部も平坦であり，歩行者がごく少ない場合に，図のような3現示制御
の制御パラメータを計算します。

まず各現示切替りの黄信号表示時間 Y を交差点接近速度と周辺条件から，
また全赤表示時間 AR をこの速度と交差点の大きさや形状からそれぞれ定め
ます。ここでは現示1の終わりには $Y = 4$ ［秒］，現示2の終わりには $Y = 4$
［秒］，$AR = 2$ ［秒］，現示3の終わりには $Y = 3$ ［秒］，$AR = 3$ ［秒］と設
定します。次に各現示切替りの損失時間を算定します。現示1で右折車が停止
線を越えて右折導流標示下流端まで出て待っている影響を考慮しすると，飽和
交通流で流れる右折車が停止線からここを通過するまでの時間を2.5［秒］と
見積もり，現示1から2への切替り損失時間は0.5［秒］と算定されます。現
示2から3，3から4の損失時間は，いずれもそれぞれ $Y + AR - 1 = 5$
［秒］と計算されます（Y が3秒以上の場合は1秒短くします）。従って1サ
イクル当たりの損失時間 $L = 0.5 + 5 + 5 = 10.5$ ［秒］となります。

各流入部の各車線の飽和交通流率は，実測をベースとして設定する必要があ
り，ここでは表2.1にまとめて示す値が得られているとします。

　ここで流入部Bの第2車線は右折車線です。第3現示が通常の青信号表示なので，右折車は対向直進車が飽和交通流率で流れている間は進むことができずに停止線を越えて右折導流標示下流端で待ち，対向直進車の信号待ち行列が通過し終わった後に，対向直進交通需要の間隙を縫って右折車が交差点を通行します。（ギャップ・アクセプタンス）さらにこの現示終了の切り替り時には，右折導流標示下流端で待っていた右折車が通行します。対向直進車が飽和交通流率で流れる時間とギャップ・アクセプタンスで右折できる時間は，サイクルとスプリットに依存します。信号切り替り時に通行できる右折車台数は，単位時間あたりの切替り回数に依存するので，やはりサイクルに依存します。

　このように，第3現示の流入部Bの第2車線の右折車処理台数はサイクルとスプリットに依存するので，この車線の飽和交通流率の計算には，サイクルとスプリットがあらかじめ必要なのです。そこで，ここでは仮のサイクルやスプリットを設定し，この複雑な状況対応した右折車の通過可能台数の推定値がこの車線の交通需要を上回ることを確認する必要があります。

　これで全ての流入部の各車線の飽和交通流率と右折車線の交通容量が分かりましたので，次に現示ごとに流入部の需要率を計算します。

　第1現示の流入部Aの直進と左折の需要率 $\lambda_{A,TL}$ は，直進と左折合計の設計交通量を2車線合計の飽和交通流率で割ることで求めて，

$$\lambda_{A,TL} = (1{,}280 + 160) \div (1{,}865 + 1{,}989) = 0.374$$

となります。一方，流入部Cの第1現示の直進と左折の合計の需要率

$$\lambda_{C,TL} = (1{,}430 + 150) \div (1{,}812 + 1{,}970) = 0.418$$

ですので，第1現示の需要率

$$\lambda_1 = max\{\lambda_{A,TL}, \lambda_{C,TL}\} = \lambda_{C,TL} = 0.418$$

となります。なお，この計算は流入部A，Cの第1，第2車線の需要率が均衡

することを前提としていますので，もしも車線の利用に偏りがある場合には，評価すべき需要率はもっと大きな値となる可能性がある点に留意が必要です。

第 2 現示について，流入部 A の右折の需要率

$$\lambda_{A,R}=160\div1695=0.094,$$

流入部 C の右折の需要率

$$\lambda_{C,R}=220\div1668=0.132,$$

ですので，第 2 現示の需要率

$$\lambda_2=max\{\lambda_{A,R},\ \lambda_{C,R}\}=0.132$$

となります。また，第 3 現示の流入部 B の需要率 $\lambda_B=0.225$，流入部 D の需要率 $\lambda_D=0.171$，ですので，第 3 現示の需要率

$$\lambda_3=\max\{\lambda_{B,TLR},\ \lambda_{D,TLR}\}=0.225$$

となります。従って，交差点の需要率

$$\lambda=\lambda_1+\lambda_2+\lambda_3=0.775$$

となりますので，十分に余裕があるものと判断できます。ただしこの時点では仮に決めたサイクルとスプリットに依存しているので，最終的な確認ではないことに注意してください。

交差点需要率 $\lambda=0.775$ と損失時間 $L=10.5$ 秒を用いてサイクルを決定するため，C_{min} と C_p を式（2.11），（2.12）で求めます。

$$C_{min}=10.5\div(1-0.775)\fallingdotseq45.7\fallingdotseq47秒,$$
$$C_p=(1.5\times10.5+5)\div(1-0.775)\fallingdotseq92.2\fallingdotseq92秒$$

です。文献[10]では，C_p の値をさらに丸めてサイクル $C=90$ 秒と設定しています（もう少し短いサイクルとするほうが望ましい可能性もありますが）。次に

青時間スプリットを式（2.13）により計算します。その結果，

第1現示の有効青時間 $G_1 = (90 - 10.5) \times 0.420 \div 0.775 \fallingdotseq 42.8$秒，

第2現示の有効青時間 $G_2 \fallingdotseq 13.5$秒，

第3現示の青時間 $G_3 \fallingdotseq 23.1$秒

と計算されます。表2.1は以上の算定手順をまとめたものです。

　ここまでの作業では，有効青時間と損失時間でサイクルが構成されていますので，ここから各現示の信号表示時間を計算する必要があります。いずれの現示も黄信号表示時間が3［秒］以上ありますので，青信号表示時間は有効青時間より1［秒］短くてよく，また第2現示では，停止線から右折導流標示下流端まで右折車が通行に要する時間2.5［秒］を差し引いて青信号表示時間とします。従って，青信号表示時間は，

　　　第1現示42.8 - 1 = 41.8［秒］，

　　　第2現示13.5 - 1 - 2.5 = 10.0［秒］，

　　　第3現示23.1 - 1 = 22.1［秒］

と計算され，最終的に1秒に丸めて決定します。すなわち，

第1現示は

表2.1　例題の計算結果例

流入部		A			B		C			D	
車線		左直	直進	右折	左直	右	左直	直進	右折	左直	右
設計交通量 q		1280 + 160		160	400	100	1430 + 150		220	300	100
飽和交通流率 s		1865	1989	1695	1775	1744	1812	1970	1668	1752	1738
需要率		0.374		0.094	0.225		0.418		0.132	0.171	
必要原示率 （下線：現示 の需要率）	現示1	0.374					<u>0.418</u>				
	現示2			0.094					<u>0.132</u>		
	現示3				<u>0.225</u>					0.171	
交差点需要率		0.775（= 0.418 + 0.132 + 0.225）									
サイクル C（秒）		$C = 90$秒（$C_{min} = 47$秒，$C_p = 92$秒）									
有効青時間 （計算値） ［秒］	現示1	42.8					42.8				
	現示2			13.5					13.5		
	現示3				23.1					23.1	

青信号表示時間42［秒］＋黄信号表示時間 4 ［秒］,

第 2 現示は

右折青矢印表示時間10［秒］＋黄信号表示時間 4 ［秒］＋全赤信号表示時間 2 ［秒］,

第 3 現示は

青信号表示時間22［秒］＋黄信号表示時間 3 ［秒］＋全赤信号表示時間 3 ［秒］

となり，合計でサイクル90［秒］となっています。

　以上が，サイクルとスプリットの算定手順ですが，実は飽和交通流率 $\lambda_{A,TL}$, $\lambda_{C,TL}$ はサイクルとスプリットを仮決めして計算したものですので，求めたサイクルとスプリットで本当に問題なく交通処理できるかどうかを確認する必要があります。

　また，第 1 現示と第 3 現示に横断歩道を渡る歩行者について，横断に必要な時間が確保できているかどうかも確認しなければなりません。もしもいずれかに問題があれば，今回の計算結果を再び仮のサイクル，スプリットとして，飽和交通流率と交通容量の算定から計算を繰り返します。

　⑺　**オフセット**

　都市部では，複数の交差点が比較的短い距離に連続して存在する中を比較的高い交通需要の交通が通行します。この場合，遅れ時間の評価において式 (2.12) で与えられる C_p の前提であるポアソン到着は仮定できませんし，それぞれを単独に制御すると，無駄に停止と発進を繰り返して運転者への心理的負担のみならず，道路ネットワーク全体の遅れを最小化できない可能性があります。

　隣接する交差点を相互に連動させて制御することを系統制御といい，系統制御では，新たな制御パラメータとして信号表示のタイミングを取るオフセットが必要になります。ある方向の当該信号機群に対して共通な基準時点から各交差点の青信号表示開始のずれを絶対オフセット，隣接交差点間のいずれか一方向の交差点の青信号表示開始からもう一方の青信号表示開始のずれを相対オフ

セットといい，いずれも時間［秒］またはサイクルに対する比率で表現します。サイクルが交差点により異なると，オフセットが時間経過とともに変化してしまいますので，オフセットを設定するためには，サイクルが対象交差点群で共通（共通サイクル）である必要があります。

　図2.30はオフセット設定の基本的な考え方を示します。図の左右２つの隣接交差点Ａ，Ｂを考えて，右行交通にとって停止が生じないためには，交差点Ａが青信号表示に変わってから AB 交差点間距離の走行に要する旅行時間 T だけ交差点Ｂの青信号表示開始が遅い必要があります。一方通行ならば単に $+T$ ［秒］のオフセットとすれば問題ありません。しかし左行交通も停止させないためには，逆に交差点Ｂの青開始から T 秒後にちょうど交差点Ａが青を開始する必要があります。つまり往復旅行時間 $2T$ が１サイクルに一致する，またはサイクルの定数倍になっている必要があります（$2T=nC,\ n=1,\ 2,\cdots\cdots$）。この場合，左右両方向の交通が両交差点で停止なしで通行できるので，最も系統効果が高いといえます。

　一方，$2T=((2n-1)/2)C,\ n=1,\ 2,\cdots\cdots$ が成立する場合には，右行のオフセットを50％とすると，右行交通の後半が交差点Ｂで，左行交通の前半が交差点Ａでそれぞれ停止を強いられますし，当該方向のスプリットを $+T$ 秒とする場合もう一方の交通は全車停止することになります。このように，どのようなオフセットにしても停止車の数と停止による遅れ時間，または２つの交差点の総遅れ時間がほとんど変化しない場合を系統効果が低い（ない）といいます。

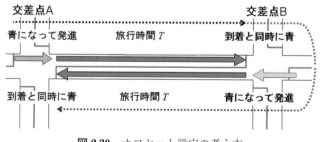

図2.30 オフセット設定の考え方

　図2.31は，こうした系統制御による効果が高い場合と低い場合の例について，オフセットと遅れ時間の関係を示したものです。図より，ａ）の場合はオフセット50％で遅れを最小化できますが，ｂ）では全体の平均遅れはオフセットによらずほとんど一定になります。ただしｂ）であっても，右行オフセットを25％にすれば左行交通の遅れが最小化され，75％にすれば右行交通の遅れが最小化されますので，朝夕ピーク時のように一方向に交通量が著しく偏る場合には，こうしたオフセットにするほうが望ましい場合があります。このように一方向を優先して決めるオフセットのことを優先オフセット，両方向を同等に考慮して決めるオフセットのことを平等オフセットといいます。

　図2.32は，一定の旅行速度などを仮定して，リンク長に応じた平均遅れ時間を最小化するオフセットを設定した場合に，遅れ時間を最小化するサイクル C とその最小化された平均遅れ時間 $\bar{d}$ との関係を示したものです。ここで τ はリンクの往復旅行時間です。図より，大局的には小さいサイクルのほうが遅れ時間を少なくできることがわかり，単独の交差点の場合と同じ傾向です。系統制御される複数の隣接しあう信号交差点群の中で，需要率が最も高い交差点（重要交差点と呼びます）が最も長いサイクルを必要としますから，共通サイ

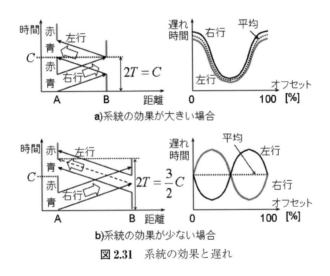

図 2.31　系統の効果と遅れ

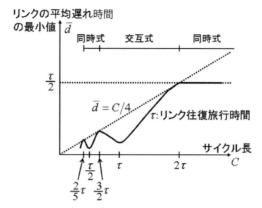

図 2.32 サイクル長と系統リンクの平均遅れ時間[10]

クルは重要交差点のサイクルに一致します。その上で隣接する交差点間距離と
系統速度（対象リンクの走行速度）に基づいてオフセットが順次決定されま
す。

　平等オフセットを考える場合は，相対オフセットは0％（同時式オフセッ
ト）か50％（交互式オフセット）が基本となります。図2.32の上部に同時式・
交互式と書かれているのは，遅れ時間の特性を考慮した基本オフセットの設定
です。その上で，リンク長の特性と方向別の交通量割合，対象リンク方向に交
差する方向からの流入交通量などを勘案して，オフセットを微調整して設定す
ることになります。本来はすべての方向の交通に対して遅れ時間を最小化する
オフセットを考えるべきですが，オフセットと遅れ時間の関係を定式化するこ
とはきわめて困難なため，基本オフセットをベースに調整する方式が取られて
います。

　ところで，隣接する交差点同士でオフセットを考えて，その隣，またその
隣，と検討するうちに最初の交差点に戻ってしまう（ループになる）場合があ
ります。このとき，ちょうど最初の交差点とのオフセットが適当な値になる保
障はまったくありません。つまりループが形成される道路ネットワークの場
合，一般にはそのうちどこかのリンクはオフセットを最適化できないのです。

77

これをオフセット閉合の問題といいます。この問題の直接的な解決はきわめて困難で，通常は，オフセット閉合問題が生じない信号交差点群をひとつのサブネットとし，サブネットごとにオフセットを最適化し，サブネット間を結ぶリンクはオフセット条件を考慮しない，という便法が用いられます。ただし，この場合もサブネットへの分割方法の決め方という別の問題があります。

　ここで，A交差点からB交差点へ向かう方向の優先オフセットを考えると，通常はB交差点の青信号表示開始をA交差点よりも AB 間旅行時間だけ遅らせます。ところがB交差点が過飽和状態になって AB 間リンクを待ち行列が埋め尽くしている場合は，B交差点で青信号表示に変わって待ち行列中を上流伝播する発進波がA交差点に到達したときにA交差点を青信号表示にしたほうが望ましくなります。先にA交差点を青信号表示に変えても先詰まりを起こしていて進めず，無駄な青信号表示時間となるためです。つまり過飽和時には発進波の上流伝播時間だけB交差点の青信号表示開始をA交差点よりも早めなければならないのです。このように過飽和になるとプラスマイナスが変わるほどオフセット設定値は大きく異なり，値の決め方の基準も全く異なります。

　さらにオフセットの検討には，遅れ時間だけでなく停止回数もなるべく減らすようにすべきとの議論があります。青信号表示で発進するたびに隣の交差点で毎回止められることは大変に不快ですから。またある幹線方向とこれに交差する方向とどちらをどれだけ優先するかという公平性に関する難しい問題もあり，オフセット最適化問題は数学的に大変難しく，最適設計理論はまだありません。ネットワーク全体における遅れ時間のリアルタイム・モニタリングが難しいことなど，理論・実務の両面で，研究・調査・分析が必要とされています。

2.5　情報通信技術と交通運用

　第2章では，主に交通流を解析する手法と交通渋滞問題，および交差点信号制御方法について，基礎的事項と現状の問題点について指摘してきました。これらの実現には，交通渋滞状態かどうか判定する，ボトルネック箇所を発見す

る，遅れ時間や停止回数をモニタする，など道路ネットワーク上の交通流の様々な状態を時空間的に把握することが大変重要です。しかしこれまで，きわめて限定的な地点に設置された車両感知器というセンサでしか交通流を把握してきませんでした。交通渋滞，信号交差点，交通安全問題などを適切に把握して管理・運用しようとしているにもかかわらず，対象の交通流をはっきりと見ることができず，いわば，ほとんど目隠しの手探り状態で，なんとかやりくりをしているようなものなのです。

一方，ビッグデータや人工知能（Artificial Intelligence：AI）で，交通運用を高度化，知能化（Intelligent Transport Systems：ITS）するために，情報・通信技術を最大限活用すべきです。こうした技術が，交通流を見る「目」を飛躍的に向上させ，交通のマネジメントや制御を高めるものと期待されます。

2.5.1 ICT の進歩

交通調査については，3.2.2項で網羅的に紹介されているので，詳細はこちらを参照してください。特に伝統的な観測・調査技術は，道路断面に設置されたセンサによる方法でしたが，情報通信技術（Information and Communication Technology：ICT）により，個別の車の移動を追う形式の計測が増えてきました。

また，米国の汎地球測位システム（Global Positioning System：GPS）を包含する概念である，全地球測位システム（Global Navigation Satellite System：GNSS）で車両や人の位置を捕捉し，地理情報システム（Geographic Information System：GIS）によるデジタル地図情報基盤をプラットフォームとして，車や人の位置を計測し汎用的に利用できるデータベースが構築し易くなりました。また，交通流現象は時々刻々と変動しますので，位置だけでなく「いつ」という時間の情報もきわめて重要です。GNSS時計や電波時計により，どこでも共通の時計を参照して正確に時間を確認できる技術も確立されています。

1996年にサービスが開始された日本の道路交通情報提供システムであるVICS（Vehicle Information and Communication System）技術のうち，交通情

報を受信する車載機と一般街路で情報を送り出す路側機（光ビーコン）との間では双方向通信が行われ，同じ車が別の光ビーコンと通信したタイミングを調べれば，2つの光ビーコン間の移動時間を計測できます。また，2000年から実験供用が始まったETC（Electronic Toll Collection）技術でも，2つのETCゲート間の移動時間を同様に計測できます。一部の日本のカーメーカでは，GNSSで時々刻々と計測された位置情報をカーナビに表示するだけでなく，これを旅行時間情報などに加工して同じカーメーカ車同士で共有する仕組みを導入しており，この中にも旅行時間や移動速度などの情報があります。さらに，サードパーティ製の機器やスマートフォンアプリで，簡単に膨大な数の車両の位置情報を収集・記録し，車両の移動情報を用いて交通状態をモニタリングするプローブカー（Probe Car）と呼ばれる技術も多数展開されています。

　一方でこれまでの伝統的な交通工学における交通流に関する知見は，交通流の地点観測を前提に構築されてきた理論です。例えば，交通渋滞現象は交通容量上のボトルネックにその容量を超過する交通需要が到着しようとして生じるとされますが，交通容量も交通需要もいずれも交通量という地点観測で計測する概念に基づく指標であり，逆にプローブカーなどでは直接計測できません。

　現在，地点観測情報とプローブによる車両の移動情報など，異なるタイプのデータ融合技術開発も盛んに行われています。また，データ融合を前提とした交通流理論も試みられています。

2.5.2　道路交通情報と交通マネジメント

　都市部の道路ネットワークの信号交差点制御をネットワーク全体で系統制御するために，多くの都市には中央交通管制センターによる集中制御が行われています。この信号制御用のセンサ情報から，どこがどの程度混雑しているのか推測できます。また都市高速道路（首都高速や阪神高速など）や交通量の比較的多い都市間高速道路（東名，名神など）では，車両感知器で自動計測される交通量と速度を用いて，区間旅行速度を推定する技術が開発されています。それ以外にも，積雪・凍結・濃霧・通行止めなどの道路情報も含めて，これらの情報を1箇所にまとめ，統一形式の情報に加工し，交通情報として情報提供し

ているのが日本道路交通情報センター（JARTIC）です。この情報を FM 多重
放送，光ビーコン，そして高速道路などでは電波ビーコンにより配信し，これ
をカーナビと接続した車載機で受信することで，カーナビを介して交通情報を
車内で知ることができるシステムが前述の VICS です。さらにプローブ情報も
融合され，充実したサービスの VICS WIDE が展開されています。

　VICS では，交通混雑に関する情報を「順調（緑）・混雑（黄）・渋滞（赤）」
の３段階で表示し，この情報を５分ごとに更新しています。VICS 対応カーナ
ビの中には，この混雑情報を利用して，単に最短距離の経路へ誘導するのでは
なく，空いている道路へ優先的に誘導するものもあります。理想的には，各道
路リンクの正確な旅行時間情報があり，これを利用して目的地までの最短旅行
時間経路へ誘導すべきでしょう。しかし，ことはさほど簡単ではありません。

　この場合の最短旅行時間経路とは，センサやプローブで計測された「過去
の」データに基づいて計算された旅行時間を用いているだけで，例えば20分後
に到達するリンクの20分後のそのリンク旅行時間が変わる可能性は考慮してお
らず，その経路を利用した利用者が実際に経験する旅行時間とは違うのです。
本当に（目的地に達してから事後的に見て）最短の旅行時間となる経路がどこ
になるのかは，未来を正確に予測できない以上，誰にも分かりません。またあ
る道路が早いという情報提供がされて，そこに誘導された車が多く集まると，
今度はそこが混雑して旅行時間が余分にかかる可能性があります。このよう
に，道路交通状況をドライバーに情報提供し，これをドライバーが見て交通行
動を変え，その行動変化が交通状況に影響を与え，その結果が交通情報として
また提供される，という相互依存関係があります。そのため，情報の更新時間
間隔が長いと情報が実態と乖離し，かえって交通状態を悪化させるおそれがあ
ります。

　提供される情報がどれほど前の状態を反映したものであるか（情報の鮮度）
も重要です。また，少しでも交通状態を先読みして情報提供（予測情報）すれ
ば，さらに交通状況の悪化を防ぐことができ，空いている経路へ適切に誘導で
きるようになります[13]。交通情報の正確さはもちろんですが，情報鮮度の確

保と更新時間間隔の短縮，一方で膨大なデータをビッグデータとして蓄積し，過去の交通制御の結果を AI により学習して，交通状況の大局的な変動動向を把握する技術開発，その中で近い将来を的確に予測する技術開発，そのためにリアルタイムな様々なセンサ情報をうまく融合する技術など，利用者にとって便利で使いやすく，交通社会全体にとって無駄な交通混雑を緩和することができるような交通情報システムと交通マネジメント，交通制御する技術の構築が求められます。

　さらに，混雑を避けるように時間分散を図るために，アミューズメント施設や飲食店などに立ち寄ってもらうよう，これらの施設の割引や特典情報を提供するアイディアもあります。また，都市部などの混雑する場面で，自動車による道路利用に追加料金を徴収する混雑料金制度も世界的には導入事例が増えてきています。例えば，自動車による市内への進入に課金するロンドンのシステムが有名です。混む道路ほど高い料金を課す，というのは混んで速度が落ちればサービス低下だから逆に安くしろ，と考えてしまいそうですが，むしろ混雑するほど人気のサービス（商品）なのだから高い価値がつくのは当然だ，という考えも成立します。交通工学と交通経済学の理論にもとづけば，混雑料金によって交通渋滞を無くすことも可能だとされています[14]。今後の実用化へ向けて，日本においても東京オリンピック TOKYO 2020を契機に，道路利用料金を変動させて交通需要を調整する方策が導入されました。今後，ICT と金融・決済の高度化が進展すれば，より効率的な交通マネジメントも実現されそうです。

2.5.3　マルチモーダル交通サービス

　近年，化石燃料使用によるエネルギー問題や CO_2 排出による地球温暖化問題などが注目され，野放図な自動車利用は交通渋滞や交通安全の観点だけでなく，環境への影響の視点からも，適切に管理・抑制される必要があるものと考えられるようになってきています。特に都市高速鉄道（地下鉄や私鉄など）や路面電車，バスなどの公共交通が充実している都市部では，こうした公共交通システムをうまく活用し，あるいはこれらを高度化させながら，道路交通と組

み合わせて総合的に有効な交通サービスを構築しようという考え方が重要視されるようになってきました。多様（マルチ）な交通手段（モード）を考えよう，ということで，マルチモーダル交通と表現することがあります。

　例えば交通情報も，道路交通情報と一緒に鉄道やバスの時刻表や運行情報，最寄りの駅やバス停の近くの駐車場情報，さらには料金やCO_2排出量などの比較情報などを提供して，車を駐車場に停めて公共交通への乗換え（Park and Ride もしくは Park and Bus Ride などといいます）を促すサービスなども考えられます。様々な交通サービスを融合して情報を一元化し，利用者にストレスなくシームレスに異なる交通手段を活用してもらうような移動を支援する MaaS（Mobility as a Service）の考え方が提唱され，ビジネスや飲食など交通以外のサービスとも融合しながら料金体系も簡易で分かりやすく設計することが試みられています。

　また，バスは公共交通システムの中でも道路の交通渋滞の影響を受けることから時間信頼性が低く，またたとえ道路が空いていても比較的低速で走行する（設定ダイヤを守れるようにするためでもあります）ため，迅速な移動には不向きなサービスです。この点を改良しようと ITS 技術によりバスを優先する信号制御（Public Transport Priority System：PTPS）も導入されていますが，その効果は限定的です。その大きな理由は，道路交通の仕組み自体がバスを優先するようにはできていないためです。

　欧米各国の先進的な都市では，バスのサービスを向上させて利便性を高め，公共交通として積極的に利用してもらうために多角的な取り組みがされているところもあります。すなわち，バスが近づいてくるとそのバス専用の信号灯を青信号にし，全く停止せずに交差点を通行できるような制御システムを構築し，あわせて交差点部付近に専用レーンを設けて，このバス優先信号を確実に機能させています。専用レーンを設けるため必要に応じて道路用地の拡幅も行います。またバス停での乗降に要する時間を極力短くするため，乗降時には料金清算をしません。バス停や車内でチケットを買って保有さえしていればよく，不正乗車は抜き打ちの検札で取り締まっています。車両も連接バスなどに

して収容力を上げ，乗降口を３つ，４つと多く設けてどこでも乗降できます。バスの車両自体も最新の魅力的なデザインや最先端の機能を持たせています。こうした多角的なサービス向上により利用者増に取り組んでいます。日本でも本当の意味の「公共」交通サービスとして機能させるためには，こうした多角的な取組みが必要だと考えられます。

参考・引用文献

1) 越正毅，赤羽弘和：渋滞の研究，道路交通経済，No.45，pp.64-69，1988年
2) 日本道路協会：道路の交通容量，丸善出版，1984年
3) Transportation Research Record: Highway Capacity Manual, 2000
4) 交通工学研究会：交通容量データブック2006，丸善出版，2006年
5) 越正毅：高速道路のボトルネック容量，土木学会論文集，No.371/Ⅳ-5，pp.1-7，1986年
6) 越正毅，桑原雅夫，赤羽弘和：高速道路のトンネル，サグにおける渋滞現象に関する研究，土木学会論文集，No.458/Ⅳ-18，pp.65-71，1993年
7) 畠中秀人，山田康右，前田雅人，市川博一：ITS を活用した高速道路サグ部渋滞対策の実現に向けた取組み，交通工学，Vo.41，増刊号，pp.38-45，2006年
8) 大口敬，桑原雅夫，赤羽弘和，渡邉亨：ボトルネック上流における車線利用率の矯正効果と付加車線設置形態，交通工学，Vol.36，No.1，pp.59-69，2001年
9) 竹内利夫，佐藤久長，皆方忠雄：高速道路渋滞対策の最前線－サグ部の速度低下による渋滞の緩和を目指して－，土木学会誌，Vol.91，No.5，pp.60-63，2006年
10) 交通工学研究会：平面交差の計画と設計 基礎編－計画・設計・交通信号制御の手引―，丸善出版，2018年
11) 青山恵理，下川澄雄，吉岡慶祐，森田綽之：飽和交通流率の変化とその要因に関する研究，交通工学論文集，Vol.7，No.1，pp.1-10，2021年
12) F. V. Webster: Traffic Signal Settings, Road Research Technical Paper, No. 39, Her Majesty's Stationery Office, London, 1958
13) 大口敬，佐藤貴行，鹿田成則：渋滞時の代替経路選択行動に与える交通情報提供効果，土木計画学研究・論文集，Vol.22，No.4，pp.799-804，2005年
14) 桑原雅夫：動的な限界費用に関する理論的分析，土木学会論文集，No.709/Ⅳ-56，pp.127-138，2002年

3章 将来の交通需要を予測して計画を立てる

本章では，交通計画の考え方と策定手順や，交通計画策定の根拠の1つとなる将来交通需要予測の考え方と方法について学びます。まず3.1節では，近年の社会潮流を踏まえた交通計画の考え方と計画策定の標準的な手順，計画を着実に実行に移し，意味あるものにするための Plan・DO・Check・Action の PDCA サイクルについて学びます。次に3.2節では，将来交通需要予測を行うために必要となる交通実態調査データの収集・測定方法，既存統計データについて学びます。ここでは，都市の交通需要予測に用いる最も代表的なデータであるパーソントリップ調査を学びます。3.3節では，はじめに交通需要予測の基礎知識を学んだ上で，予測に用いる交通行動モデルの考え方と例，最も広く用いられている四段階推計法，近年の研究成果を踏まえた新しい予測手法について学びます。四段階推計法の解説では，予測モデルの意味の理解を助けるために2つの簡単な例題を入れました。最後に3.4節では，これからの時代の交通計画と題して，人口減少下での交通計画のあり方や今後取り組むべき交通施策，交通計画に活用すべき交通シミュレーションを学びます。

3.1 交通計画の策定手順

3.1.1 交通計画策定の考え方

(1) 交通計画策定と交通需要予測

ここでは地域の様々な交通手段とそれを利用した様々な移動を対象として策定される総合的な交通体系の望ましい姿を実現するための計画，すなわち総合

交通計画（以降，交通計画）の策定について述べます。

　交通計画を策定することとは，将来の社会経済状況を想定して将来の交通需要を予測し，将来に生じる可能性のある交通問題を想定してそれへの対応策を決めることといえます。「将来」とは通常，概ね20年後とすることが多いのですが，20年後の社会経済を想定し交通需要を予測することは容易ではありません。交通計画を策定する期間は数年の年月を要する場合があります。

　将来の交通需要を予測するためには，経済状況や人口の分布，市民意識の変化等，将来的に不確実な要素について仮定することが必要となります。従って，使用するデータは幾つかの仮定に則って設定しており，①前提条件を仮定した予測モデルが現状データに基づいて設定されたものであり，将来の現象分析を行うには限界があること，②前提条件の不確実性により予測結果の通りにならない可能性をはらんでいることを理解した上で交通計画の策定の際の判断の材料のひとつとして取り扱うという考え方が重要になります。

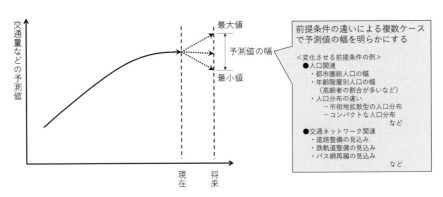

図3.1　予測値の幅を考慮した予測のイメージ

　将来の社会経済状況に複数のパターンが想定できるのであれば，それぞれのパターンについて予測を行い，予測値に幅をもたせるという考え方が最近は見られるようになりました。そうすることで計画検討後の社会状況の変化にも対応できる計画にするのがねらいです。また，複数のパターンの中から分析のねらいに合ったパターンに基づく予測値を使用することによって将来的に交通問

題が発生しにくいように安全率を考慮した計画にすること（つまり，より厳しい前提条件でも問題が生じないように計画内容を決めること）も考えられます。例えば，新規の大規模な道路整備を検討する際に必ず実施される費用便益分析（その道路整備が経済的にみて効果が期待される道路であるかどうかを判断するための分析）では，沿道の開発計画の進捗や人口増加の程度を低めに設定しても道路整備の費用を上回る経済的な効果が得られるかどうかを確認する一方で，地球環境や生活環境に与える影響を分析する際には，沿道の開発計画の進捗や人口増加の程度を高めに設定しても影響が基準値を下回るかどうかを確認する，といった予測値の使い方が考えられます。

　近年は，社会経済の低迷，少子・高齢化，税金の使途に対する市民意識の高まりにより，計画の透明性がより一層重要になっています。説明性が高く，市民の合意を得られる交通計画を作成するため，市民の参加のもとで計画検討が積極的に実施されるようになっています。行政と市民とが将来の姿を思い描き，課題を共有するためのコミュニケーションツールとして，前述の交通需要の予測が用いられることもあります。

　こうした市民や関係者の計画検討への参加によって，その際収集した地域・市民の意見や知恵を反映することで，地域の実情をより反映した計画となることが期待されます。また，計画に対する地域の理解を深めることで，策定後の計画の実現性を高めることも期待されます。さらには，計画検討への参加を通して市民の当事者意識を醸成し，計画の実現後に道路や公共交通機関の利用意識を高めたり，まちづくりへの参加意識を高めることも期待されます。

(2)　**交通需要予測の新たな使い方**

　(1)では，実務的観点から，一般的な交通計画策定における交通需要予測の活用について述べましたが，これ以外にも交通需要推計の活用方法が考えられます。ここでは，目標設定型計画づくりとシナリオ・プランニングについて紹介します。いずれも，現時点では必ずしも実務で広く一般に活用されてはいませんが，今後，場面に応じて活用が期待される方法です。

　目標達成型計画づくりとは，目標とする望ましい状態を数値目標等により予

め設定し，目標を達成するために必要な施策を検討する方法です。ポイント
は，数値目標を上回ることを目指して施策を総動員する点にあります。非常に
高い目標を設定した場合に，従来から検討されてきた施策とは全く異なる新し
い施策を発想するための方法として効果的です。ただし，新たな施策に取り組
むということは，同時に追加的な投資が必要となるため，限られた予算の中で
提案された施策すべてを実行することは困難な場合が多いです。このため，こ
の手法は大きな方向転換を行う必要がある場合にその効果がより発揮される手
法であるといえます。なお，将来予測のことをフォアキャストと言いますが，
この目標達成型の手法は将来の目標となる状況から現状を振り返って施策を検
討する方法であることからバックキャストとも呼ばれています。

　シナリオ・プランニングとは，将来の見通しが一層不確実な状況において，
将来的に交通需要の変化に及ぼす要因やそのメカニズムを理解し，対応を検討
するための計画策定手法です。大規模な震災の発生や，インバウンド来訪者の
急増，新たな感染症の感染拡大による移動自粛など，様々な不確実な事象によ
って過去のトレンドとは異なる変化が交通需要に影響を及ぼしていることがあ
ります。将来の不確実性を前提とした場合に，交通計画の立案にあたり何に配
慮しておくべきか，どういう備えをしておくべきか，ということを考えること
が一層重要となってきています。この検討では，交通需要予測手法を活用し，
感度分析と呼ばれる，入力値を様々に変化させた際に予測値にどのような影響
を及ぼすのかを理解するための分析手法が用いられます。なお，感度分析その
ものは，従来から交通需要推計手法の妥当性の検証に用いられている手法であ
りますが，発生確率が極めて低いと考えられるシナリオについても設定して分
析を行う点が異なります。

3.1.2　計画策定とPDCAサイクル

⑴　計画策定手順

　交通計画の策定は，まず⒜現状を調査，分析するとともに⒝将来動向を想定
した上で，⒞解決すべき問題・課題を明確にします。その上で，⒟将来を見通
し，計画の条件を設定して，その条件のもとで⒠計画をつくるという手順が一

般的です。

(a)　現状を知る〜調査・統計データ収集と現況分析

　このステップでは，地域の社会経済の動向と交通実態のデータを収集し，そのデータを用いて総合的に分析を行います。地域の住民などを対象に意識アンケートを行い，そのデータを用いる場合もあります。多くの場合にこれを現況分析と呼びます。

　地域の社会経済の動向の把握では，地域全体の年齢階層別人口の構成比や地区別の人口分布の変化，市街地の広がりや居住地，商業地，工業地の変化といった土地利用の変化，各種産業の状況，運転免許証や自動車の保有状況などを分析します。これらは交通状況の発生要因となるものです。交通問題が生じた原因を分析する際に用いる貴重なデータとなります。

　地域の交通実態の分析は，年齢階層別の移動実態や地域間の交通量，交通手段別の交通量，道路混雑の状況，公共交通機関利用者数，交通事故の発生状況，路上駐車の発生状況など，地域のあらゆる目的のあらゆる交通手段にかかわる交通の実態と，交通施設や公共交通サービスの整備状況，それらの関係や社会経済との関係を分析します。一般に交通計画は平日の交通を対象に策定されるため平日の交通実態の分析が行われますが，観光や休日の余暇活動等が行いやすい都市交通のあり方を検討する観点から休日を対象とした調査を行うことも有効です。そのため，近年のパーソントリップ調査では，従来の平日調査に加えて休日調査を実施する都市が増えてきています。

(b)　将来に起こりうる事象を知る〜将来動向の整理

　このステップでは，地域の将来動向にかかわるデータや既往の分析結果，関連計画情報を収集，整理します。代表的な将来動向のデータとしては国立社会保障・人口問題研究所が国勢調査のデータに基づいて推計した将来人口の変化が挙げられます。関連計画情報としては，交通計画策定の前提となる上位計画・関連計画，市街地開発プロジェクトの動向が挙げられます。上位計画・関連計画としては，都道府県の総合計画や道路網計画，都市計画マスタープランや市町村の総合計画などがあります。

(c)　解決すべき問題・課題を知る〜交通計画課題の明確化

このステップでは，(a)現状分析の結果より把握した問題と(b)将来動向の整理結果から今後に想定される問題を踏まえ，交通計画で対応すべき課題を抽出します。これが交通計画の内容を検討する際のベースになります。

(d)　将来を見通し，計画の条件を設定する〜計画フレーム，将来予測

このステップでは，明確になった交通計画課題を踏まえつつ，その地域の望ましい将来像とそれに対応した計画目標を設定します。地域の将来像は既に上位計画で設定されている場合もあります。その際，計画の目標年次を設定することが必要となります。一般に長期の計画であれば概ね20年後を目標年次とします。そして設定した将来像，目標年次に対応した将来人口（将来人口フレームと呼びます）の推計を行います。将来人口は既往の推計結果をそのまま用いる場合もあります。一方，将来の交通需要を推計するための交通需要予測モデルを構築します。現況分析のステップで収集した交通実態データを用いて構築します。3.2節で紹介するパーソントリップ調査のデータを用いるのが一般的です。最後に構築した将来交通需要予測モデルに将来人口等の条件を与えて将来交通需要が予測されます。将来交通需要予測については3.3節で分かりやすく解説します。

(e)　計画をつくる〜計画立案

以上の準備のステップを経て，いよいよ計画を立案するステップとなります。計画の内容は，必ずしも当初からひとつの案に絞り込むことができない場合があります。複数の代替案を設定してその効果・影響を将来交通需要予測モデル等を用いて予測・分析し，その結果を踏まえて計画案を絞り込み，計画を立案することになります。目標達成型計画づくり（バックキャスティング）を採用する場合には，目標とする望ましい状態を数値目標等により予め設定し，目標を達成するために必要な施策を検討することになります。

近年は，地域の将来像とそれに対応した計画目標の実現，達成に向けて着実に取り組むことの重要性が高まっています。そのため，短期・中期の戦略的な交通施策展開の方針や手順を示したアクションプログラムを立案することが重

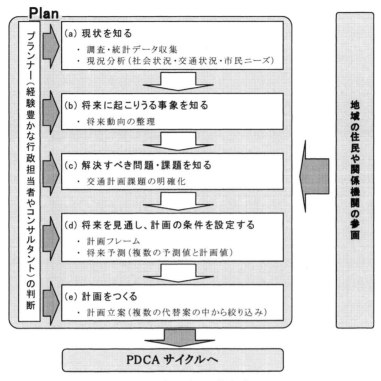

図 3.2 交通計画の策定手順

要となっています。

　これまで解説した（Plan）の(a)から(e)のステップはこの順番で一方通行で実施されるわけではありません。必要に応じて前のステップに立ち戻り再検討を加えるフィードバックを行うことがしばしばです。また，（Plan）の段階でより良い計画を作るのに特に重要になるのが，その作業に携わる専門家，プランナーの経験に裏打ちされた様々な知見を踏まえた判断の積み重ねです。それは経験豊かな行政担当者や民間コンサルタントが担っています。

　すべてのステップが終了し，交通計画が策定（Plan）された後は，計画内容の実施（Do），実施結果の点検・評価（Check），点検・評価結果に基づく改

善（Action）という PDCA サイクルに移行することになります。

(2)　PDCA サイクルによる計画目標の達成

　交通計画は都市や地域の将来像を実現するために必要な内容が盛り込まれているわけですから，その計画内容を実現することがとても重要であることは言うまでもありません。しかし，いくつかの前提条件を置いて作られたものであることも忘れてはならないことです。計画内容を固定的に考えるのではなく，「交通計画」を計画目標達成のためのツールと考え，計画目標の達成に向けて計画をマネジメントしていく視点が重要です。そのような視点に基づいてPlan（目標，計画）—Do（実施）—Check（点検，評価）—Action（改善）の 4 工程からなるマネジメント・サイクル（運用循環）を実施するのが「PDCA サイクル」です。交通計画は概ね20年後の将来を目標年次としていて，その実現は長期を要することになります。当初設定した将来の社会経済の想定や関連計画などの計画の前提条件は，時間の経過とともに変化する不確実な要素です。それは言わば計画をめぐるリスクです。PDCA サイクルは社会状況の変化や当初の想定外の事象などの不確実要素の発生状況や計画の進捗状

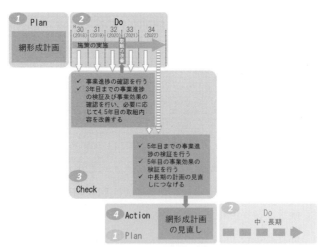

図 3.3　前橋市地域公共交通網形成計画の PDCA サイクル[1]

況を確認し，この計画のリスクを低減して，地域の望ましい将来像の実現と目標達成のために計画を意味あるものにしようとする取り組みです。

さて，このPDCAサイクルは計画目標年次までの間に何回実施することになるでしょうか。答えは一つあるわけではなく，計画内容の実施や効果の発現に要する期間や行政の財政状況などによって決まってきます。ハード整備であれば長期を要する場合が多いですし，ソフト施策であれば比較的短期に実施できる場合が多くなります。概ね20年後の長期を目標とする交通計画の場合には，それらの両方を含む総合的な計画ですから，1年から数年毎にPDCAサイクルを回していくことになるでしょう。

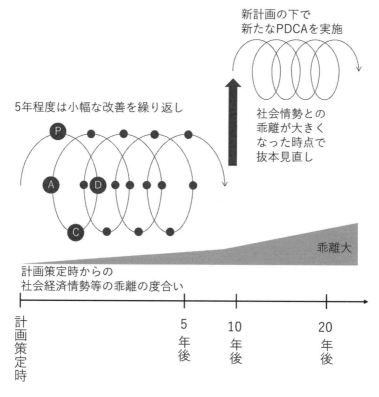

図3.4 PDCAサイクルと短期・中期・長期の計画マネジメント

　計画策定後，数年間から 5 年程度の短期であれば，計画の前提条件にあまり
変化はないでしょうから，ソフト施策などの短期で実施した施策の結果を点
検・評価してその施策そのものや関連施策について小幅な改善を行うことにな
ると考えられます。5 年から10年の中期になると，前提条件の中にはその時点
の情況に合わないものが出てくる可能性があります。また，計画の実施結果を
点検・評価すると，小幅な改善が短期よりも増加するとともに施策や計画全体
を大幅に見直すことが必要になる場合も出てくる可能性があります。そして10
年を経過すると，その時点の情勢に合わない前提条件が大幅に増加し，新たな
課題も顕在化する可能性が高くなります。計画実施の成果からみて改善すべき
内容も大幅に増え，計画の抜本的な見直しが必要になると想定されます。その
ため，10年程度経過した際に交通計画全体を抜本的に点検し，見直しを実施す
るのが一般的です。その際，計画の一部が実現しているわけですからそれを前
提に計画を見直すことになります。また，10年経過しても整備できない道路を
対象に必要性を検証して必要性の変化があれば計画に変更を加える場合がある
でしょうし，整備済みの道路などについてそれに求められる機能を検証して使
い方を変えるということもあるでしょう。後者はいわば，機能の見直しです。
10年前に整備された際には多車線の道路としての機能が必要でしたが，10年経
過してみると都市の将来像が変わり，大量の自動車が通行する道路ではなく，
人々がウインドーショッピングしたり，ゆったりと散歩したり，時にはお祭り
を楽しんだりできるような通りとして使うことが望ましくなるようなこともこ
れから増えるでしょう。

　このように地域の望ましい将来像の実現と目標達成のために計画をマネジメ
ントする上で PDCA サイクルは重要な役割を果たします。

3.2　将来予測のための交通調査

3.2.1　交通実態調査・交通データの技術

　地域や地区，個別の路線沿線等の交通の現状を把握することが可能な様々な
交通実態調査や交通データの技術があります。

(1)　人の交通行動とその決定要因を知る

　人々の交通行動を把握する代表的な調査手法として「パーソントリップ調査」があげられます。この方法は，都市内の居住者の日常の移動について，移動の目的，出発地と目的地，時間帯，交通手段等をアンケート形式により把握するものです。具体的な内容は，統計調査として実施されている「パーソントリップ調査」について解説している3.2.2を参照してください。

　また，人々の交通行動の決定要因を探るための有効な手法として，「アクティビティダイアリー調査」という手法があります。この調査手法は，交通行動を人の活動（アクティビティ）から発生するものとして分析することを企図しています。そのため，起床から就寝までの仕事や食事，買物等のすべての活動とその間の移動を日誌風に時間を追って記入することによって交通行動を調査します。

　同じ人に繰り返し同じ調査を行う「パネル調査」という調査手法もあります。この調査は，各回の調査結果間の交通行動の変化をとらえ，その変化の要因を明らかにすることができます。この調査は，1度調査をした人にもう1度同じ内容の追加調査を行うため，追加調査の了解を得る必要があります。また，追加調査の調査票を確実に渡すために所在を把握しておく必要もあります。

　これらの調査手法は，日常生活に関する様々な情報をアンケート形式で回答する手法であるため，記入者の負担が大きくなります。そのため，調査の設計では，調査票の回収率を確保するために記入者の負担を如何に軽減するかが大きなポイントになります。

(2)　人の意識データから交通計画へ

　仮想的に設定された状況のもとで，交通手段等の選択について回答者に選好を表明してもらう調査としてSP調査（Stated Preference Survey：選好意識調査）があります。この調査は，新交通システムなどの新たな交通機関を計画する際に，その交通機関に対する市民の利用意向データを収集する調査として活用されます。一方，SP調査に対して，実際に人が行動した結果を把握する

調査は RP 調査（Revealed Preference Survey：顕示選好調査）といわれます。
通常，交通実態調査として収集する交通行動調査はこの RP 調査です。整備す
る交通機関が既にその地域に存在する交通機関であれば，この RP 調査を実施
して，その交通機関に対する利用実態を反映した交通需要予測を行えば良いの
です。一方，その地域には存在しない新たな交通機関を導入しようとする場合
には，その交通機関を利用した実態がありませんので，SP 調査によって「そ
の交通機関が導入されたら，利用しますか？」のような質問で地域住民の利用
意向を尋ねて，その結果を用いて交通需要予測を行うことが必要になります。

　SP 調査には，次に示すように，導入する交通機関の整備やサービス水準が
固まっておらず，様々な条件を検討したい場合と，整備内容やサービス水準が
概ね固まっている場合の，2種類の調査があります。

(a)　様々な整備内容やサービス水準を検討したい場合の調査

　導入ルート等や複数のサービス水準を検討できるように，交通需要予測モデ
ル（機関分担モデル）を推定するためのデータを収集するように設計する調査
方法です。例えば，所要時間や運賃，運行頻度などの新しい交通機関のサービ
ス水準について複数の案を設定し，それらを組み合わせて，サービス水準のパ
ターンを作成します。そして，その各パターンをアンケート票で提示して，そ
れに対する利用意向を把握する調査方法です。ここで，所要時間が3通り，運
賃が3通り，運行頻度が3通りそれぞれあるとします。そうすると，これらの
全ての組み合わせパターンは27通りとなります。これらの全てのパターンにつ
いて十分な回答数を得るのは容易ではありません。そこで，実験計画法という
技術を用いてパターン数を減らすのが一般的です。この調査手法は，導入する
交通機関の整備内容やサービス水準があまり固まっていない場合に適した手法
です。一方で，調査票の設計やサービス水準の設定などについて高度な知識や
技術，経験が必要となる調査手法でもあります。

(b)　整備内容やサービス内容が概ね確定している場合の調査

　新しい交通機関が導入された場合に利用すると想定される人々を対象とし
て，整備案としてのルート案やサービス水準（駅・停留所の位置，運行ダイ

ヤ，運賃等）をアンケート調査票で提示し，その案そのものに対する利用意向を把握する調査です。その回答結果を集計すれば，それが需要予測の結果となります。ルートやサービス水準がある程度決まっていて，それに対して使うか使わないかを聞くアンケート票の作成は，(a)の方法に比べれば容易かも知れません。一方で，1つか2つのパターンしか尋ねませんから，交通需要予測モデルは作成できませんし，整備内容やサービス水準を変えた場合の需要予測はできません。そのため，整備・サービス水準案が概ね確定している場合に適しています。

図 3.5 SP調査（選好意識調査）の調査票の例（様々な整備内容やサービス水準を検討する場合)[2]

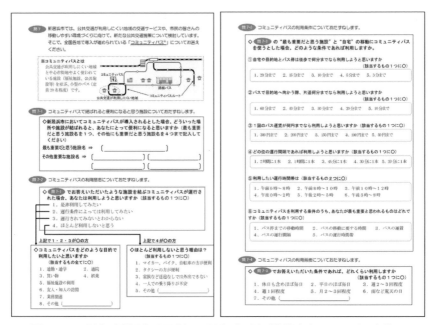

図 3.6 SP 調査（選好意識調査）の調査票の例（整備内容やサービス水準が
概ね固まっている場合の調査)[3]

　これらの調査手法の他に，人の意識データを交通計画に活かすための調査手
法として，仮想評価法（Contingent Valuation Method：CVM）を挙げること
ができます。CVM とは，水質や生態系，景観などのように市場で直接取引き
されない「環境」に対して，仮想的に市場を作って考える手法です。例えば，
ある地方都市の歴史的な街並みを持った通りの「景観や雰囲気」を守るために
支払っても構わないと考える金額をアンケートで尋ねます。この金額を支払意
思額（Willingness to Pay）と言います。アンケートで得られたこの金額を分
析することによって，その「景観や雰囲気」が持っている価値を金額で評価す
ることができます。このように「景観や雰囲気」の価値を金額で評価できれ
ば，その「景観や雰囲気」を守るために投資しようとする金額と比較して，そ
の通りを守るための政策を実施すべきかどうかを判断する材料とすることが可

能となります。ただし，SP 調査と同様に調査票の設計について高度な知識や技術，経験が必要となる調査手法でもあります。上記の例で言えば，通りの「景観や雰囲気」そのものや，それを維持，向上させる施策による「景観や雰囲気」の変化をアンケート回答者に適切に伝わるような工夫や，回答者がアンケートに真剣に答えてくれるような工夫などが必要となります。

(3) **特定の断面における人や車両の挙動を知る**

アンケート調査や特定のモニターを対象とした調査では，その母集団の傾向は分かりますが，全数を把握することはできません。人や車両について，交通量や移動の速度などの挙動を知るための基本的な方法として，交通の流れのある特定の断面を方向別に通過したすべての人や車両を測定する方法があります。

車両の動きの測定では，道路断面を通過する車両数により一定時間帯当たりの交通量を把握することができます。また，自動車のナンバー等により車両を

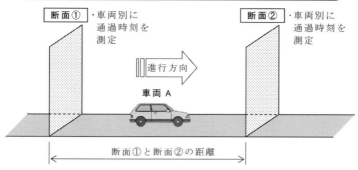

図 3.7 車両の測定によってわかる道路のパフォーマンス

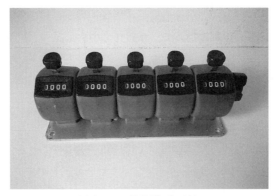

写真 3.1 数取器（5連）

特定し，2つの断面の通過時刻を把握することで，その区間の旅行時間や旅行速度を把握することが可能になります。

　人の動きについても，道路や歩道等の断面を通過する歩行者数を計測することができます。例えば，駅の改札を出た人が駅舎の出入り口からどの方向に向かう人が多いのかを把握することで，駅前広場や駅への歩道整備が必要な区間を探る際の基礎データとなります。

　断面において車両を測定する方法は，調査員がその場で観測する「数取器によるカウント調査」，車両感知器やビデオカメラなどの「機械による測定」等があります。これらは，カウントの対象やカウントをする場所，装置の設置可能性，計測のためのコスト，機械計測や調査員調査の誤差などを考えて，うまく使い分ける必要があります。

　(a)　**数取器によるカウント調査**

　最も簡易なカウント方法として，「数取器によるカウント調査」があります。この調査は，道路や歩道などの観測する断面を通過する車両や人を目視によって観測し，それを数取器に記録する方法です。観測したい車種や人の属性の種類に各数取器を対応させれば，各車種の通過車両数や通過する人の属性ごとの数を計測することができます。例えば，写真3.1の5連の数取器であれば，5つの車種をカウントができます。道路の両方向の通過車両を一人で計測する場

合には，この5連の数取器が2つ必要になります。ただし，調査員の能力によって結果に差が生じることがあります。より正確な調査結果を得るため，調査員1人当りの負担を減らすようにする必要があります。

（b）　**機械による測定**

車両の挙動を測定する機械は，車両感知器による方法やビデオカメラによる方法等があります。計測目的や装置の設置可能な場所，天候等により様々な方法で交通量を観測しています。

車両感知器による方法では，ループコイル式，超音波式，光学式等が挙げられます。

ループコイル式は，車路に埋設したコイルにより車両等の金属体の通過を検出できます。外部環境の影響（夜間．天候等）が少ないため，広く用いられていますが，道路面下に設置するため，設置や補修の際には大規模な規制が必要になります。

超音波式は，超音波送受器から超音波を路面に向けて発射し，車両からの反射波と路面からの反射波を比較して車両を把握します。光学式は，赤外線投受光器から赤外線を路面に向けて発射し，車両からの反射波と路面からの反射波を比較して車両を把握します。交通規制する必要が少ないですが，測定精度や

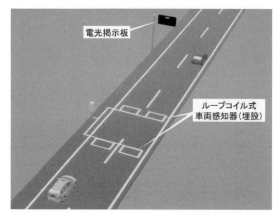

図 3.8　ループコイル式の設置イメージ[4]

外部環境条件の影響を受けるという問題点が指摘されています。

　また，ビデオカメラによる方法では，ビデオカメラやCCTVカメラ等により車線を走行する車両を撮影し，画像処理をすることにより，車両の存在を感知し，併せて車両の速度や車間距離等を計測します。近年，AI（Artificial Intelligence：人工知能）技術の発展が著しく，映像からAIを活用して交通量等を把握する方式も活用されるようになってきています。ナンバープレート方式画像処理では，撮影された画像からナンバープレート領域画像を抽出して通過台数を計測できます。また，2地点の調査で文字認識処理により，同一車両のナンバープレート情報を抽出すれば，旅行時間や旅行速度も計測できます。雨天や夜間等の輝度差の影響を受けますが，遠赤外線カメラを活用することで夜間も認識が可能になります。ただし，車両が連続的に通過する場合には，ナンバープレートが前の車両に隠れるため正確に台数を観測できないといった課題があります。

　なお，高速道路会社や国土交通省，各都道府県警察は，交通量計測装置を常設して道路交通状況を把握しています。国土交通省が実施している調査は，交通量常時観測調査と呼ばれており，国道等の主要な幹線道路において年間8,760時間（1日24時間×365日）連続して車種別の交通量や速度を観測してい

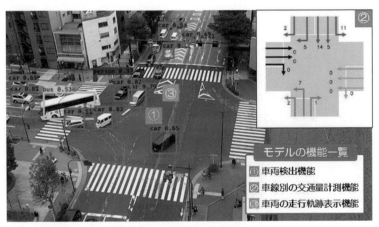

写真3.2　AIを活用して映像から交通量を把握するイメージ[5)]

ます。

⑷ 通信データや交通系 IC データ等を用いて人や車両の挙動を知る

近年は ICT 技術の進歩やスマートフォンの普及により，携帯電話やカーナビゲーションシステムに用いられる GNSS（2.5.1参照）や，Wi-Fi やBluetooth 等の規格を用いた無線 LAN，電車やバスカードなどの交通系 IC カードにより取得したデータを活用することで，移動している人や車両の動きを知ることができるようになりました。このように様々な方法で人や車両の挙動を把握できるようになりましたが，そうしたデータの活用にあたっては，それぞれの特性を理解しておくことが重要です。

⒜ GNSS の活用

GNSS を活用して人の動きを調査する手法は，「プローブパーソン調査」と呼ばれ，GNSS を備えた携帯電話等の移動通信機から，人の行動状況を収集します。自動車の動きを調査する手法は，「プローブカー調査」といい，GNSSを備えた車両（プローブカー）から無線通信で位置や速度データ等を収集し，自動車の移動状況を把握します。

プローブパーソン調査のデータ収集方法は，携帯電話に搭載した調査用のアプリケーション上で「出発」や「移動手段変更」「到着」等の操作を行います。

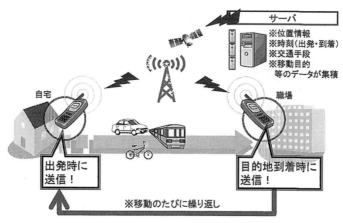

図 3.9 プローブパーソン調査の概要

103

移動中は GNSS の測位や，操作によって取得した移動情報，移動経路などの
データがリアルタイムでデータベースへ蓄積されます。蓄積された移動データ
は，ウェブで確認して必要に応じてデータの修正や，編集してデータの精度を
高めることができるシステムも開発されています。また，プローブデータ対応
の車載器を搭載している車両では，車両の「エンジン ON/OFF 時」や「急ブ
レーキ・急ハンドル時」，移動中の定期観測時に併せて GNSS 情報が蓄積され
ます。カーナビや ETC2.0 等の車載器を搭載している車両の普及に伴い，プロ
ーブ情報を断続的に取得することができ，2 時点間比較等の分析も可能になっ
ています。

（b）Wi-Fi や Bluetooth 等の無線 LAN の活用

　無線 LAN の規格の一つである Wi-Fi パケットセンサを活用して，タブレッ
トや携帯電話等の移動通信機から人や車両の行動状況を収集する方法がありま
す。

　Wi-Fi パケットセンサを用いたデータ収集方法は，移動通信機が観測機の前

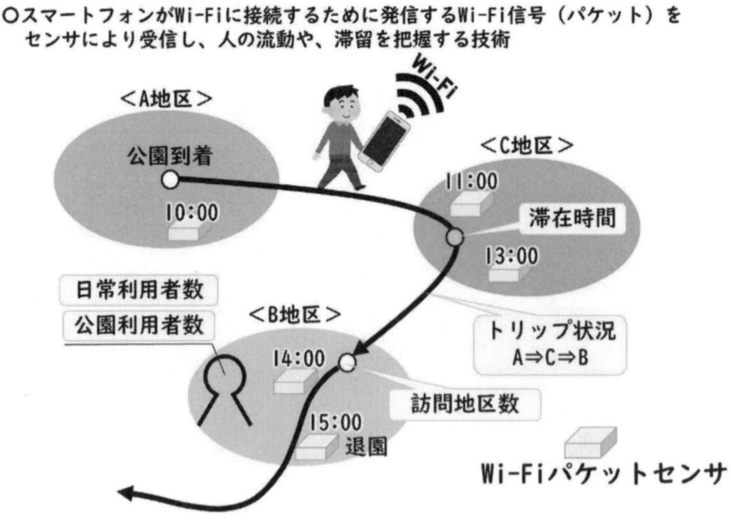

○スマートフォンがWi-Fiに接続するために発信するWi-Fi信号（パケット）を
　センサにより受信し、人の流動や、滞留を把握する技術

図 3.10　Wi-Fi パケットセンサを活用した調査の概要

を通過すると，観測機が Wi-Fi 信号を受信し，データが蓄積されます。GNSS を用いたプローブ調査と比べ，地下空間の人流データを取得できる一方で，取得できるデータは，観測機から数メートルから十数メートルの狭い範囲に限られます。そのため，広範囲のデータを収集したい場合には，その調査したい範囲に観測機を設置する必要がありますが，街なかに設置されている Free Wi-Fi へ自動接続した履歴を蓄積するアプリケーションを用いる方法もあります。

(c) 交通系 IC 等のカードデータの活用

大都市圏を中心に多くの鉄道やバスでは，専用の IC カードを利用して運賃を支払うことが一般的となってきました。また，高速道路についても，ETC の車載器を搭載した車両が増加し，自動料金支払いが浸透しています。これらの交通系 IC カードからも人や車両の動きを知ることができます。鉄道，バス等の「公共交通の IC カードデータ」からは乗降した駅やバス停とその時刻などを，「ETC カードデータ」からは，乗降した IC とその時刻などを把握することができます。ただし，これらは個人情報を含むデータになる可能性があるため，データの活用に際しては個人の不利益につながらないように細心の注意が求められます。

3.2.2 交通に関する統計調査

交通に関する統計調査については，旅客流動・貨物流動とも多種多様な調査が，その目的に合わせて定期的（毎年あるいは数年おき）に実施されています。交通需要予測においては，対象とする交通需要の内容に応じてこれらのデータを使い分けています。

(1) 都市内と都市間の自動車の動きを知る

全国の自動車の動きを把握する調査である「全国道路・街路交通情勢調査（道路交通センサス）」は，自動車の1日の動きを把握する自動車起終点調査と，都道府県道以上の全道路および政令指定都市の市道の一部を対象とした一般交通量調査の2つの調査から構成されます。

自動車起終点調査は幹線道路網計画を検討するための道路交通量推計に活用

されます。一般交通量調査は1日や時間帯別の交通量と混雑時・非混雑時の自動車の旅行速度を計測し，道路交通状況の評価や道路計画に活用されています。

(2) 都市間の貨物の動きを知る

都市間の貨物の動きを知るための調査として，「全国貨物純流動調査」が5年に1回の頻度で行われています。

(3) 都市間の人の動きを知る

都市間の人の動きを知るための調査として，「全国幹線旅客純流動調査」が5年に1回の頻度で行われています。この調査では，航空や鉄道，車，バス，フェリー等による移動者を対象として，日常以外の仕事・観光・帰省・私用・その他の交通目的別の都市間の人の動きを把握しています。

(4) 都市内の貨物の動きを知る

大都市圏では，都市内の貨物の動きを知るための調査として，「都市圏物資流動調査」が概ね10年に1回の頻度で行われています。この調査では，貨物と貨物車の動きの両方を把握しています。

(5) 都市内の人の動きを知る

都市内の人の動きを知るための調査の代表として，「パーソントリップ調査」があげられます。「パーソントリップ」とは，文字通り，人（パーソン）のトリップ（移動）を示しており，都市内の居住者の日常の移動について，移動した目的，出発地と目的地，移動した時間帯，移動に用いた交通手段等をアンケート調査により把握するものです。

わが国では，この調査手法を用いて，地方公共団体等が主体となって概ね人口30万人以上の都市圏で「都市圏パーソントリップ調査」が実施されています。これまでに全国の65の都市圏で実施された実績があります。この調査は，「交通実態調査」，「補完調査」，「付帯調査」等により構成されます。

(a) 交通実態調査

都市圏内の居住者（住民登録している人）を対象とし，平日の交通行動を把握する調査です。一般に調査手法としての「パーソントリップ調査」は，これ

行動例 1

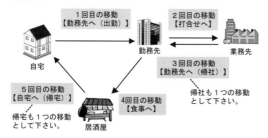

行動例 2

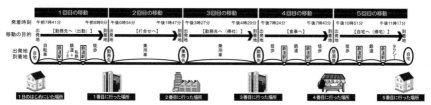

図 3.11 都市圏パーソントリップにおいて対象となる人の動きと 1 日の移動の例

を指します。この調査の調査票は，世帯や個人属性と平日 1 日のトリップ情報を記入するものになっています。近年のパーソントリップ調査では，休日の買物や娯楽などに伴う私事交通を考慮した都市交通のあり方を検討する観点から，平日調査に加えて休日調査を実施する都市圏が増えてきています。

　図3.14と図3.15に示す例は，東京都市圏で実施されたパーソントリップ調査の調査票です。この例では世帯属性と個人属性を記入する「世帯票」と平日 1 日のトリップ情報を記入する「個人票」の 2 種類に分かれています。この調査の対象は，世帯毎に抽出されます。対象となった世帯の 5 歳以上の全ての構成員が調査の対象となります。調査項目は，対象都市圏の調査目的に合致した内容になるように設定されますが，表3.1のように交通を分析するために必要な基礎的な調査項目はほぼ確立されていますので，対象都市圏が必要に応じて調査項目を追加して調査票を設計しています。従って，パーソントリップ調査の調査項目はほぼ共通していますので，他の都市圏との比較や同じ都市圏で前回調査時点からの変化を分析することができます。

表**3.1**　パーソントリップ調査の調査項目の例[6]

調査票	分類	項目
世帯個人票	世帯特性	現住所
	世帯構成員の属性	性別、職業、産業、勤務先・通勤先の所在地、免許保有の有無(免許の種類)
	自動車等の保有状況	自動車保有の有無(保有車種・台数)
トリップ特性	移動状況	出発地・目的地、出発時刻・到着時刻、出発地施設・目的地施設、交通目的、交通手段(乗り継ぎ状況)、所要時間
	自動車等の利用状況	運転の有無(自動車運転者)、同乗者数(家族・家族以外)

　調査した結果，すなわち，調査票に記入された内容は，データ化する必要がありますが，その作業をコーディングと言います。出発地や目的地等の住所，地名，目標物，郵便番号に座標情報を付与し，地図上でそれらの位置をデータ化する「ジオコーディング」が行われるようになっています。この方法により，データ作成作業の省力化や，交通行動分析をより詳細に精度高く行うことができるようになってきています。ただし，住所などが特定できるため，データ取扱いにおいては，個人情報保護の観点からの配慮が必要です。

　(b)　**補完調査**

　補完調査にはスクリーンライン調査とコードンライン調査があります。これらの調査は，交通実態調査の結果の検証や補正・補完を目的として実施します。

　スクリーンライン調査は，対象都市圏を分割する断面（スクリーンライン）を設定し，それを横切る路側交通量を観測する調査です。観測された交通量と交通実態調査（パーソントリップ調査）から得られた交通量を比較して，パーソントリップ調査の自動車交通量の精度を検証します。スクリーンラインは，大きな河川や鉄道のように物理的に都市圏を分割するものを利用し，橋梁や踏切地点で交通量を観測します。ところで，スクリーンライン調査はなぜ大きな河川などを利用するのでしょうか。通常，大きな河川はゾーン境界（3.3で解

説)になっています。図3.12でいえば,パーソントリップ調査の結果から河川
の左側のゾーンと右側のゾーンを行き来する交通量を足し上げると,スクリー
ンライン調査の結果と一致するはずです。交通量の一致しない分がパーソント
リップ調査の誤差になります。このようにスクリーンラインがゾーン境界と一
致していないとこのような比較ができません。また,河川や鉄道が通っていな
いところにスクリーンラインを設定すると,ある出発地から目的地に移動する
際に道路網の形状によってはそのスクリーンラインを何度も通過する可能性が
あります。例えば,ある自動車がある出発地からある目的地に行くまでにその
スクリーンラインを2度通過したとします。この場合,パーソントリップ調査
ではスクリーンラインを通過する台数は1台と集計されますので,スクリー
ンライン調査の結果である2台と合わなくなってしまいます。スクリーンライン
が大きな河川であれば,このような2度の通過は通常生じないと言って良いで
しょうから,パーソントリップ調査の結果とスクリーンライン調査の結果を比
較することが可能となります。

　コードンライン調査は,対象都市圏の境界を断面として設定(コードンライ
ン)し,それを横切る路側交通量を観測する調査です。対象都市圏の内と外の

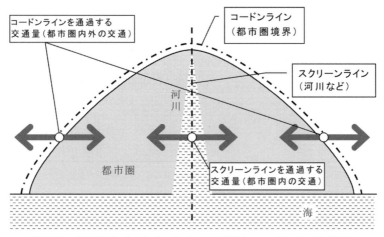

図3.12 補完調査(スクリーンライン調査とコードンライン調査)

間を行き来する交通量の検証や補正・補完を目的として行います。ただし，近年では，調査費用が大きくなることや，パーソントリップ調査の結果との比較が難しい場合があることなどから，この調査を実施する例は少なくなっています。

(c) 付帯調査

「付帯調査」では，対象都市圏固有の問題を把握するために既存調査や交通実態調査では十分に把握できない項目を設定した調査を行います。都市圏特有の課題に対応した交通実態などを把握しています。

この「都市圏パーソントリップ調査」の他に，都市内の人の動きを知るための調査としては，「全国都市交通特性調査」や「都市OD調査」，「大都市交通センサス」があります。

「全国都市交通特性調査」は，わが国の都市交通の特性を把握するために全国の60から130都市程度（調査年次で異なる），各都市500世帯を対象にパーソントリップ調査を実施する調査です。この調査結果から大都市圏や地方都市圏の違い，人口規模の違いなどによる交通特性の差異を把握することができます。一方で，都市圏パーソントリップ調査で把握している各都市の「どこから，どこへ行ったのかという総量（OD量）」を把握する精度は確保されてない点に注意が必要です。

「都市OD調査」は，概ね30万人未満の都市圏を対象に自動車の動きを把握する調査です。この調査は，全国道路・街路交通情勢調査の自動車起終点調査と同時に同じ調査票で実施されますが，都市内の自動車の動きをより詳細に把握できるように調査対象サンプルを多くしています。

「大都市交通センサス」は，鉄道やバスといった公共交通を利用する人の動きを把握する調査として，首都・中京・近畿の3大都市圏で実施されています。この調査は，パーソントリップ調査のようにすべての移動手段を対象とはしていません。

その他にも，皆さんご存じの5年に一度実施される国勢調査でも，通勤・通学について勤務先・通学先が調査されていますし，10年に一度は通勤・通学の

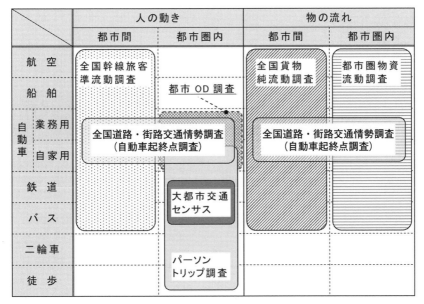

※国勢調査では，平日の通勤通学目的について，人の動きを把握している。

図 3.13　交通に関する統計調査で把握できる内容

交通手段も調査されています。

　これらの交通に関する統計調査は，図3.13や表3.2のように整理できます。交通実態を把握したり，交通需要を分析する際には，都市間なのか都市内なのか，どの交通手段や移動を対象とするのか，などについて明確にし，それに適した統計調査データを活用する必要があります。

表 3.2　交通に関する統計調査の概要

	調査名	対象都市圏	調査間隔	対象とする流動	対象とする交通手段、目的	調査項目
都市内 旅客	都市圏パーソントリップ調査	おおむね人口30万人以上の都市圏	概ね10年（都市圏必要に応じて実施）	都市圏内に居住する人のすべての移動（トリップ）	原則としてすべての交通手段、すべての交通目的（営業用自動車を除く）	出発地・到着地、時刻、交通目的、交通手段 等
	全国都市交通特性調査（旧全国パーソントリップ調査）	全国の60〜130都市（都市特性のバランスを加味して選定）程度	必要に応じて（1987, 1992, 1999, 2005年以降は5年に一度）	都市内に居住する人のすべての移動（トリップ）	原則としてすべての交通手段、すべての交通目的（営業用自動車を除く）	出発地・到着地、時刻、交通目的、交通手段 等
	都市 OD 調査	概ね人口30万人未満の都市圏	都市圏の必要に応じて、道路交通センサスと同時に実施	都市圏内で登録する自動車の流動	自動車のみ対象、原則として自動車の交通目的	出発地・目的地、運行目的、乗車人数、積載品目、駐車場所 等
	大都市交通センサス	三大都市圏（首都圏・中京・近畿圏）	5年	都市圏内の人の移動（トリップ）	鉄道、乗合バス・路面電車利用、すべての交通目的、通勤・通学目的	定期券の種類、経路、乗継ぎ情報、乗降時刻 等
	国勢調査	全国一斉、全数	5年（大規模は10年）	対象地域に居住する人の移動	すべての交通手段、通勤・通学目的	従業地・通学地、従業地・通学地までの利用交通手段（大規模調査時のみ）、その他個人属性
貨物	都市圏物資流動調査	三大都市圏（首都圏・中京・近畿圏）	概ね10年（都市圏の必要に応じて実施）	都市圏内の物資の純流動	乗用車・貨物車・鉄道・船舶・二輪車 等、輸送品目	事業所の概要、貨物の運行状況、品目別物資の流動、事務所の立地条件 等
都市間 旅客	全国幹線旅客純流動調査	全国	5年	県内外の全国の幹線旅客流動	航空・幹線鉄道・幹線旅客船・幹線バス・乗用車 等、仕事・観光・帰省・私用・その他の交通目的	経路、出発時刻、利用券種、行客数 等
貨物	全国貨物純流動調査	全国	5年	鉱業、製造業、卸売業、倉庫業の4業種の物流移動	貨物車・鉄道・航空、船舶・船舶・航空、輸送目的	利用物流施設名、輸送経路、出荷時刻、所要時間、輸送品目内訳 等
都市内 都市間	全国道路・街路交通情勢調査（自動車起終点調査）	全国	概ね5年	全国の自動車の流動	自動車のみ対象、原則としてすべての交通目的	道路状況、交通量、旅行速度、出発地・到着地、移動目的、乗車人数、積載品目、駐車場所 等
	自動車輸送統計調査	全国	毎年	全国の自動車の流動	自動車のみ※、旅客・貨物輸送目的	輸送重量、輸送人員、走行距離、輸送貨物の品名、荷姿、燃料の種類、事務所の経営形態

※ 2010年度より貨物自家用自動車のうち軽自動車及び旅客自家用自動車を除外

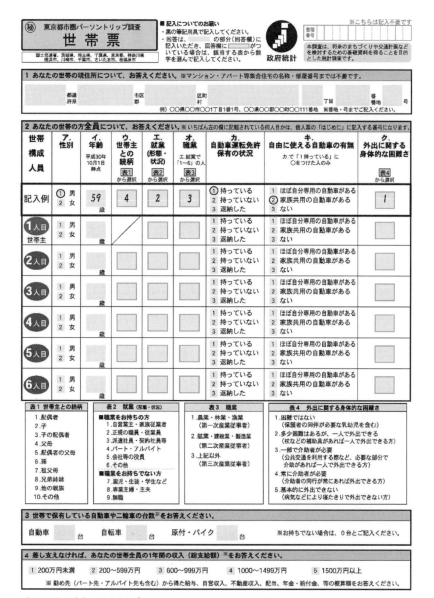

図 3.14　第 6 回東京都市圏パーソントリップ調査世帯票[7]

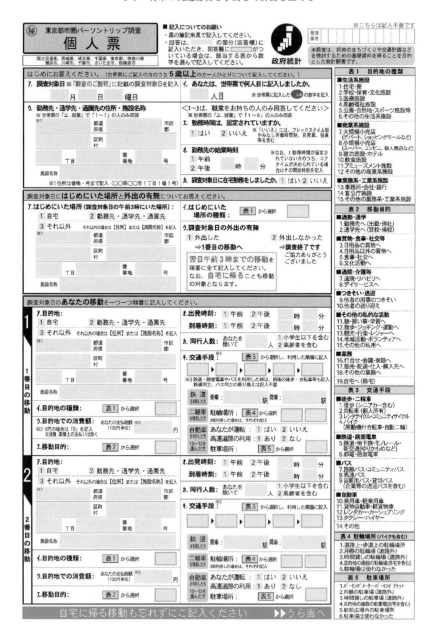

図 3.15　第6回東京都市圏パーソントリップ調査個人票8)

3.3　交通需要予測の手法

3.3.1　交通需要予測のための基礎知識

⑴　交通需要とは

「交通」とは，人や物の空間的な移動をいいます。

　ドライブなど，交通自体が目的となることもありますが，多くの場合，交通そのものは目的ではなく通勤・通学，買物，レジャーなどの目的地で行う活動に付随して発生する行動です。このように交通の需要は他の需要に付随して発生する「派生需要」である場合が多くを占めます。また，派生需要としての交通の内容，すなわち，目的地や交通手段，経路の決定は，目的地で行う活動の内容に影響を受けます。従って，交通需要を予測する際には，目的地での活動目的，すなわち交通目的を考慮する必要があります。

⑵　トリップとは

　ある 1 人の人（あるいは 1 台の乗物）のある地点から他の地点への移動を「トリップ」と呼びます。例えば，ある人が通勤目的で自宅から勤務先まで移動する場合，これをひとつのトリップと捉えます。

　トリップの途中で複数の交通手段を乗り継いでいても出発地から到着地までを 1 トリップとして捉える場合を「リンクト・トリップ」または「純流動トリップ」と呼び，交通手段や路線を乗り換えるたびに分けて捉える場合を「アンリンクト・トリップ」または「総流動トリップ」と呼びます。単に「トリッ

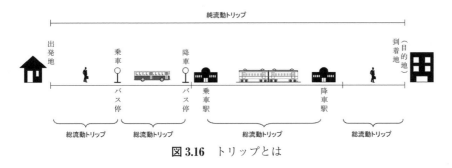

図 3.16　トリップとは

プ」と言った場合には，一般にはリンクト・トリップを指します。

　また，1人の人が行う連続した複数のトリップをまとめて「トリップチェイン」と呼びます。例えば，通勤トリップ→業務トリップ（取引先まわり等）→買物トリップ→帰宅トリップというように一連のトリップを行なった場合，これらをまとめてひとつのトリップチェインとみなすことができます。

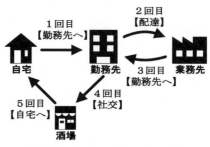

図 3.17　トリップチェインの例

(3)　ゾーニング

　交通を分析する対象となる地域全体をいくつかの小さい地区に分割することを「ゾーニング」と呼び，分割したそれぞれの地区を「ゾーン」と呼びます。トリップの分析を行う際に，出発地点や到着地点は地図上の座標として表わすことができますが，座標そのもので扱うと，処理を要するデータが膨大になり，分析が困難になるので，出発地点や到着地点がどのゾーンに含まれるかによって表現します。すなわち，本来は「地点から地点への移動」であるはずのトリップは「ゾーンからゾーンへの移動」という表現に置き換えて扱われます。

　それぞれのゾーン内にはゾーンの幾何的中心や人口重心附近に，「ゾーン中心点」が設定されます。地理的にはゾーン内の全ての地点はゾーン中心点によって代表させます。例えば，「ゾーン間の所要時間」と言った場合には，ゾーン中心からゾーン中心までの所要時間を意味します。また，後述の交通量配分においても，トリップは全てゾーン中心から出発しゾーン中心に到着するものとして扱われます。

また，トリップをゾーン単位で分析するということは，それぞれのゾーン内の特性（土地利用状況や交通利便性など）は均一であるという仮定をおいていることになります。

このように，地点ではなくゾーンによってトリップを扱うということは，現実を捨象して単純化していることになります。

ゾーンを小さくすればトリップの出発地点や到着地点を正確に表現できますが，ゾーンが小さすぎると，サンプリング調査において個々のゾーンに属するサンプルが少なくなりすぎてデータの精度が低下する，個々のゾーンの社会経済指標（人口，域内総生産額，各種施設数など）を知ることが難しくなる，総ゾーン数が増えるので分析や予測に要する作業量や計算時間が増大する，などの問題を生じるので，それらのバランスをとってゾーンの大きさを決定します。都市内の交通を分析する場合，一般的には市区町村や町丁目などによってゾーニングしますが，格子状（メッシュ状）のゾーニングが用いられることもあります。

(4) ネットワーク

交通を分析する際には，道路や公共交通などの交通施設は，リンクとノードからなるネットワークとして表現します。ノードは交差点や駅，交通結節点を表わし，リンクはノード同士を結ぶ道路や鉄道などの路線を表わします。

また，ゾーン中心点は仮想的なノードとして扱われ，ゾーン中心点と実在のネットワークは仮想リンク（アクセスリンク）で結ばれます。

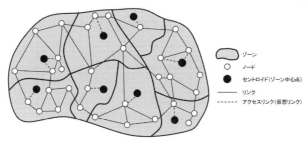

図 3.18 ゾーニングとネットワーク

⑸　OD 表とは

　トリップの数を，出発ゾーンと到着ゾーンに着目して表3.3のような表形式（行列形式）に集計したものを「OD 表」と呼びます。OD の O は Origin（出発地）の頭文字，D は Destination（到着地）の頭文字です。

　OD 表のそれぞれの升目の数値 t_{ij} は「分布交通量」と呼ばれ，ゾーン i から j への間を移動するトリップ数を表わします。例えば，表3.3の@の欄の数字は，ゾーン 1 を出発してゾーン 2 に到着するトリップの数を意味します。

表 3.3　OD 表

O＼D	ゾーン 1	ゾーン 2	⋯	ゾーン N	合計
ゾーン 1		@			発生交通量 $=O_i$
ゾーン 2		分布交通量 $=t_{ij}$			
⋮					
ゾーン N					
合計		集中交通量 $=D_j$			生成交通量 $=T$

　OD 表のそれぞれの行の分布交通量を横に合計したものを「発生交通量 O_i」と呼び，そのゾーンから出発するトリップ数の合計を表します（$\sum_{j=1}^{N} t_{ij}=O_i$）。OD 表のそれぞれの列の分布交通量を縦に合計したものを「集中交通量 D_j」と呼び，そのゾーンに到着するトリップ数の合計を表わします（$\sum_{i=1}^{N} t_{ij}=D_j$）。また，OD 表の全ての分布交通量の合計を「生成交通量 T」と呼び，その地域全体のトリップ数の合計を表します。いうまでもなく，$T=\sum_{i=1}^{N} O_i=\sum_{j=1}^{N} D_j$ です。

　出発ゾーンと到着ゾーンが同一のトリップ（OD 表の対角要素）を「内々トリップ」と呼びます。内々トリップは，出発地点と到着地点の両方が同じゾーンに含まれることを意味しており，移動していないことを表しているのではありません。

3.3.2 交通行動をモデル化する

(1) 交通行動の分析とモデル化

交通需要を定量的に予測するためには，人の交通行動，つまり，どこにいる人が，いつ，どこへ，どの交通手段で，どんな経路で移動するのかを予測する必要があります。そのためには，交通行動を数式によって表現する必要があります。そこで，人々の交通行動のデータを収集し，分析によってパターンや法則性を見つけ出し，それを体系的な数式（「数理モデル」または単に「モデル」と呼ぶ）によって表現します。実際の交通行動になるべく合致する数理モデルを作り出す作業を「モデル化」あるいは「モデリング」と呼びます。

もちろん人の行動は数式で表現できるほど単純ではありませんし，交通が派生需要であることを考えると，交通行動に数理モデルをあてはめるのは難しい作業です。従って，交通行動のモデル化にあたっては，現実をある程度捨象して単純化していることになります。

(2) 数理モデルの例

代表的なモデルとして，以下のようなモデルが挙げられます。

(a) 回帰モデル

被説明変数 y がいくつかの説明変数 x によって以下の形の式で表わされるとするモデルです。

$$y = \alpha_0 + \alpha_1 \cdot x_1 + \alpha_2 \cdot x_2 + \cdots$$

α_0, α_1, α_2, …は適切な値の係数（パラメータ）で，モデル式が実際のデータになるべくよく当てはまるように決められます。また，最適なパラメータを決める作業を「パラメータ推定」と呼びます。

例えば，ある地域の生成交通量を表すモデルを回帰モデルで作るとすると，以下のような式が考えられます。

[生成交通量]
$= \alpha_0 + \alpha_1 \times$[人口]$+ \alpha_2 \times$[工業出荷額]$+ \alpha_3 \times$[商業施設床面積]$+ \cdots$

119

(b)　離散選択モデル（非集計モデル）

　複数の選択肢の中からどれかひとつを選ぶという行動を表現するときに用いられるモデルで，交通行動分析の場合，出かけるか出かけないかの選択，どこへ行くかの選択，どの交通手段で行くかの選択などのモデル化に使われます。

　離散選択モデルでは，ある選択肢を選んだときにその人が享受するメリット（「効用」と呼ぶ）は以下の式で表されると考えます。$\alpha_1, \alpha_2, \cdots$は適切な値の係数（パラメータ）です。

　　　[選択肢 i を選んだときの効用]
　　　＝[選択肢 i を選んだときの確定効用]＋[確率項]
　　　[選択肢 i を選んだときの確定効用]
　　　＝$\alpha_1 \times$[選択肢 i の特性1]＋$\alpha_2 \times$[選択肢 i の特性2]＋$\cdots$

　そして，人は最も効用が大きくなる選択肢を選ぶものと考えます。

　確率項とは，正規分布などの釣鐘型の確率分布に従ってランダムに値が変わる項です。この確率項がもしもなければ，確定効用の最も大きい選択肢を全員が選ぶことになりますが，確率項を加えて考えると確定効用が最も大きい選択肢でも効用が最大になるとは限らず，どの選択肢の効用が最も大きいかは，例えば選択肢1の効用が最大になる確率（＝選択肢1が選ばれる確率）は70%，選択肢2の効用が最大になる確率（＝選択肢2が選ばれる確率）は30%，といった具合に確率的に決まることになります。

　確率項がガンベル分布と呼ばれる確率分布に従うと仮定すると，選択肢 i の選ばれる確率は以下のように単純な式で表わされます。このモデルを「ロジットモデル」と呼びます。

　　　[選択肢 i が選ばれる確率]
　　　＝[選択肢 i の効用が他の選択肢の効用よりも大きくなる確率]
　　　＝$\dfrac{\exp(\text{選択肢}i\text{を選んだときの確定効用})}{\sum\limits_{j\in\text{全選択肢}} \exp(\text{選択肢}j\text{を選んだときの確定効用})}$

例えば交通手段を選択する場合に当てはめると,

[交通手段 i を選んだときの効用]
$= \alpha_1 \times$ [手段 i による所要時間] $+ \alpha_2 \times$ [手段 i の料金] $+ \cdots +$ 確率項

のようになります。パラメータ $\alpha_1, \alpha_2, \cdots$ はモデルが実際のデータになるべくよく合うように決められます。また,最適なパラメータを決める作業を「パラメータ推定」と呼びます。

(3) 数理モデルによる予測の限界

先に述べたように,交通需要予測に使われる数理モデルは,多かれ少なかれ,人間の行動の細部を捨象し,抽象化しています。より精緻に人間の交通行動を記述できるようなモデルの研究は日々続けられていますが,それでも完璧には程遠いものです。

また,もし仮に現在の人間の交通行動を完全に記述できるモデルを作れたとしても,将来の人間の行動は変わるかもしれませんし,交通需要予測の前提条件となる経済状況や人口分布も完全には予測できません。

従って,交通需要予測の精度には限界があることを理解した上で,予測値を取り扱う必要があります。

3.3.3 人の動きを4つのステップに分けて予測する～四段階推計法

交通量を予測する方法として今日,最も広く用いられているのが,「四段階推計法」と呼ばれる方法です。四段階推計法では,パーソントリップ調査等で得られた現在の OD 表をもとに,以下の4つのステップに分けて,将来の交通量を予測します。

現在 OD 表

	1	‥	j	‥	N	計
1	t_{11}	‥	t_{1j}	‥	t_{1N}	O_1
⋮	⋮		⋮		⋮	⋮
i	t_{i1}	‥	t_{ij}	‥	t_{iN}	O_i
⋮	⋮		⋮		⋮	⋮
N	t_{N1}	‥	t_{Nj}	‥	t_{NN}	O_N
計	D_1	‥	D_j	‥	D_N	T

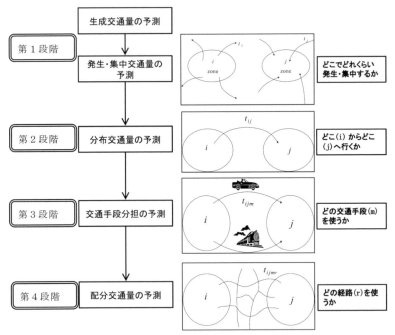

図 3.19　四段階推計法による予測の手順

第1段階：OD 表の生成交通量 T', 発生交通量 O_i', 集中交通量 D_j' を予測する

	1	··	j	··	N	計
1						O_1'
:						
i						O_i'
:						
N						O_N'
計	D_1'	··	D_j'	··	D_N'	T'

第2段階：OD 表の分布交通量を予測する

	1	··	j	··	N	計
1	t_{11}'	··	t_{1j}'	··	t_{1N}'	O_1'
:						
i	t_{i1}'	··	t_{ij}'	··	t_{iN}'	O_i'
:						
N	t_{N1}'		t_{Nj}'		t_{NN}'	O_N'
計	D_1	··	D_j	··	D_N	T'

第3段階：将来 OD 表を交通手段別に分ける

自動車

	1	··	j	··	N	計
1	t_{1j}'	··			t_{1N}'	O_1'
:						
i	t_{i1}'					
:						
N	t_{N1}'					
計	D_1					

鉄道

	1	j		N	計
1	t_{i1}'				
:					
i	t_{i1}'				
:					
N	t_{N1}'				
計	D_1				

徒歩

	1	··	j	··	N	計
1	t_{11}'	··	t_{1j}'	··	t_{1N}'	O_1'
:						
i	t_{i1}'	··	t_{ij}'	··	t_{iN}'	O_i'
:						
N	t_{N1}'	··	t_{Nj}'	··	t_{NN}'	O_N'
計	D_1	··	D_j	··	D_N	T'

第4段階：交通手段別 OD 表の分布交通量を交通網の上の経路に割り付ける

　これによって，最終的には道路や鉄道の各区間の交通量を予測することができます。ただし四段階推計法では，トリップチェインを分解したリンクト・トリップ（純流動トリップ）を単位としていますので，トリップとトリップの相互依存関係（例えば出勤トリップの交通手段が自動車であれば，それに続く帰宅トリップの交通手段は自動車になりやすい等）は考慮されていません。

　なお，上記のように①発生集中→②分布→③手段分担→④配分の順に予測する方法を，ゾーン間の所要時間や運賃などの交通特性情報を用いて手段分担を予測することから「トリップインターチェンジモデル」と呼ぶことがあります。これに対して，①発生集中→②手段分担→③分布→④配分の順に予測する方法を，出発ゾーン（あるいは到着ゾーン），すなわちトリップエンドの自動車保有率や人口密度などの情報を用いて手段分担を予測することから「トリップエンドモデル」と呼びます。都市部では一般にゾーン間の交通特性に応じて交通手段を選択する状況が多いことから，トリップインターチェンジモデルを適用される例が多くなっています。トリップエンドモデルは自動車依存の高い地域など，利用交通手段が限定される場合に適用されます。以下では，トリップインターチェンジモデルについて順に解説します。

第 1 段階：どれくらい出掛けるかを予測する〜生成交通量，発生集中交通量の予測

(a) 生成交通量の予測

　生成交通量とは，OD 表で示される分布交通量の総計，つまり予測の対象とする地域全体の全トリップ数のことをいいます。

　生成交通量を予測するモデルには，例えば以下のモデルが用いられます。

1) 原単位モデル

　原単位とは，1 日・1 人あたりの交通量のことで，調査によって得られた現在の交通量を現在の人口で割ることによって得られます。この原単位が将来にわたって変化しないと仮定して，原単位に将来の人口を乗ずることによって，将来の交通量を算出します。

$$[生成交通量\ T] = [生成原単位] \times [人口]$$

生成原単位は個人属性（年齢，性別，職業など）やトリップ目的によって大きく異なるので，生成交通量の計算も個人属性別やトリップ目的別に分けて行うのが一般的です。数式で表せば以下のようになります。

$$[個人属性別トリップ目的別生成交通量]$$
$$= [個人属性別トリップ目的別生成原単位] \times [個人属性別人口]$$

その上で，全ての個人属性およびトリップ目的について合計すれば生成交通量 T が得られます。

　2)　回帰モデル

前述した回帰モデルを用いて生成交通量を予測する方法です。説明変数には，例えば人口や域内総生産額などが用いられます。

$$[生成交通量\ T]$$
$$= [パラメータ1] \times [説明変数1] + [パラメータ2] \times [説明変数2] + \cdots$$

また，原単位モデルと回帰モデルを組み合わせて，生成原単位を回帰モデルによって説明するモデルが用いられることもあります。

ただし，生成交通量を予測しない方法をとることもあります。その場合には，次の方法で予測する発生交通量または集中交通量を全ゾーンについて合計したものが，結果的に生成交通量になります。

　(b)　**発生交通量の予測**

発生交通量 O_i とは，あるゾーンを出発地とするトリップ数のことを言います。OD 表で示される分布交通量をゾーン別に横方向に合計したものになります。

発生交通量を予測するモデルには，例えば以下のモデルが用いられます。

　1)　原単位モデル

生成交通量予測における原単位モデルと同じ形の式を用いて，ゾーン別の発

生交通量を予測するモデルです。すなわち，モデル式は以下のようになります。

$$[ゾーン別発生交通量 \; O_i] = [生成原単位] \times [ゾーンの人口]$$

2)　回帰モデル

前述した回帰モデルを用いてゾーン別の発生交通量を予測する方法です。式の形は生成交通量予測における回帰モデルと同じです。説明変数には，例えばゾーン人口やゾーン内総生産額などが用いられます。

$$[ゾーン別発生交通量 \; O_i]$$
$$= [パラメータ１] \times [説明変数１] + [パラメータ２] \times [説明変数２] + \cdots$$

発生交通量の合計 $\sum_{i=1}^{N} O_i$ は生成交通量 T と一致しなければいけません。しかし，先に生成交通量を予測し，次に発生交通量を予測する手順をとる場合，発生交通量の合計はそのままでは生成交通量とは一致しません。そこで，一旦算出した発生交通量に或る一定の係数を掛けることにより，発生交通量の合計が生成交通量に一致するように調整します。調整のための係数は，

$$[生成交通量 \; T] \, / \, [調整前の発生交通量の合計 \sum_{i=1}^{N} O_i]$$

によって容易に求めることができます。

また，生成交通量を予測せずに発生交通量のみを予測する手順をとることもあります。その場合には発生交通量の合計が生成交通量となるので，調整は必要ありません。

(c)　**集中交通量の予測**

集中交通量 D_j とは，あるゾーンを到着地とするトリップ数のことをいいます。OD表で示される分布交通量をゾーン別に縦方向に合計したものになります。

集中交通量を予測するモデルには，例えば以下のモデルが用いられます。

　1)　原単位モデル

　式の形は発生交通量予測の場合とほぼ同じですが，人口あたりの原単位では
なく，通勤トリップの場合には従業者一人あたりの原単位，買物トリップの場
合には商業施設床面積あたりの原単位などが用いられます。

　2)　回帰モデル

　式の形は発生交通量予測の場合とほぼ同じですが，説明変数としては従業者
数や商業施設床面積，交通利便性を表す指標などが用いられます。

　集中交通量の合計は生成交通量と一致しなければいけません。しかし，先に
生成交通量を予測し，次に集中交通量を予測する手順をとる場合，集中交通量
の合計はそのままでは生成交通量とは一致しません。そこで，発生交通量の予
測の場合と同様，一旦算出した集中交通量にある一定の係数を掛けることによ
り，集中交通量の合計が生成交通量に一致するように調整します。調整に用い
る係数は，

$$[生成交通量\ T]\ /\ [調整前の集中交通量の合計\ \sum_{j=1}^{N} D_j]$$

によって容易に求めることができます。

　また，生成交通量と発生交通量のみを予測した後，集中交通量を予測せず
に，次の分布交通量の予測に進む手順をとる場合があります。その場合，分布
交通量の予測には目的地選択モデルが用いられます。

第2段階：どこからどこに行くかを予測する～分布交通量の予測

　分布交通量 t_{ij} とは，あるゾーン i からあるゾーン j に移動するトリップ数の
ことを言います。OD 表におけるそれぞれの枡目にあたります。

　分布交通量を予測するモデルには，例えば以下のモデルが用いられます。

　1)　現在パターン法

現在の分布交通量のパターンが将来もほぼそのまま続くという考え方に基づ
くモデルです。各ゾーンの土地利用状況やゾーン間の交通条件，ゾーン間の社
会的な結びつきなどが将来も大きく変化しないと想定されるときに用いられま

す。

　ただし，発生交通量や集中交通量は現在と将来では異なりますので，将来の分布交通量が現在と全く同じままでは，将来の分布交通量の合計が将来の発生交通量や集中交通量と一致しなくなります。そこで，補正式によって将来の分布交通量を補正し，分布交通量の合計が発生交通量および集中交通量と一致するまで補正を繰り返します。補正式は次に示すフレーター法が最も一般的に用いられています。

【フレーター法】

　現在 OD 表において，ゾーン i の発生交通量 O_i のうち，ゾーン j に到着する割合は

$$\frac{t_{ij}}{O_i} = \frac{t_{ij}}{\sum_j t_{ij}}$$

となります。これを用いて，現在の分布交通量を発生側からみると，次のように書くことができます。

$$t_{ij} = O_i \frac{t_{ij}}{\sum_j t_{ij}}$$

　将来においては，到着するゾーンごとに交通量の成長率が異なると考えることにすると，ゾーン j の成長率は D_j'/D_j と表すのが自然です。ただし，D_j' は将来のゾーン j の集中交通量です。そうすると，将来においてゾーン j に到着する割合は

$$\frac{t_{ij}D_j'/D_j}{\sum_j t_{ij}D_j'/D_j}$$

となります。これを用いて，将来の分布交通量を発生側からみると，次のようになります。

$$t_{ij}' = O_i' \frac{t_{ij}D_j'/D_j}{\sum_j t_{ij}D_j'/D_j}$$

ただし，t_{ij}' は将来の分布交通量，O_i' は将来のゾーン i の発生交通量です。

　集中側も同様に考えると，将来の分布交通量は，次のようになります。

$$t'_{ij}=D_j'\frac{t_{ij}O_i'/O_i}{\sum\limits_i t_{ij}O_i'/O_i}$$

フレーター法では，これら両者の平均値を将来の分布交通量とします。従って

$$t'_{ij}=\frac{1}{2}\left(O_i'\frac{t_{ij}D_j'/D_j}{\sum\limits_j t_{ij}D'_j/D_j}+D_j'\frac{t_{ij}O_i'/O_i}{\sum\limits_i t_{ij}O_i'/O_i}\right)$$

$$=t_{ij}\frac{O_i'}{O_i}\cdot\frac{D_j'}{D_j}\cdot\frac{1}{2}\left(\frac{O_i}{\sum\limits_j t_{ij}D_j'/D_j}+\frac{D_j}{\sum\limits_i t_{ij}O_i'/O_i}\right)$$

$$=t_{ij}\frac{O_i'}{O_i}\cdot\frac{D_j'}{D_j}\cdot\frac{L_i+M_j}{2}$$

ただし，$L_i=\dfrac{O_i}{\sum\limits_j t_{ij}D_j'/D_j}$，$M_j=\dfrac{D_j}{\sum\limits_i t_{ij}O_i'/O_i}$です。

　この結果，全てのゾーンについて$\sum\limits_j t'_{ij}\fallingdotseq O_i'$および$\sum\limits_i t'_{ij}\fallingdotseq D_j'$が成り立てば，$t'_{ij}$を将来の分布交通量として採用し，計算を終了します。

　$\sum\limits_j t'_{ij}\fallingdotseq O_i'$および$\sum\limits_i t'_{ij}\fallingdotseq D_j'$が成り立たないゾーンが残っている場合には，上記で得られたt'_{ij}の値をt_{ij}に代入し，$O_i=\sum\limits_j t_{ij}$および$D_j=\sum\limits_i t_{ij}$を計算しなおした上で，再びL_i，M_j，t_{ij}を計算しなおす反復計算を行います。

【例題】フレーター法を用いた分布交通量の予測

　フレーター法を用いて将来の分布交通量（将来 OD 表）を予測せよ。なお，現況 OD 表は表 1 の通りで，将来交通量は表 2 の通り，四段階推計法の第 1 段階である発生交通量と集中交通量が既に予測されている。ここで予測したいのは表 2 の太線枠の中の交通量である。

表1　現況 OD 表

O＼D	1	2	計
1	4	2	6
2	3	5	8
計	7	7	14

表2 既に予測されている将来の発生交通量と集中交通量

O＼D	1	2	計
1			15
2			15
計	12	18	30

ここでフレーター法に用いる式は，

$$L_i = \frac{O_i}{\sum\limits_{j} t_{ij}D_j'/D_j} \qquad \cdots 式(1)$$

$$M_j = \frac{D_j}{\sum\limits_{i} t_{ij}O_i'/O_i} \qquad \cdots 式(2)$$

$$t_{ij}' = t_{ij}\frac{O_i'}{O_i} \cdot \frac{D_j'}{D_j} \cdot \frac{L_i + M_j}{2} \qquad \cdots 式(3)$$

(1) 第1回計算

まず，L_i と M_j を求める。

$$L_1 = \frac{O_1}{t_{11}D_1'/D_1 + t_{12}D_2'/D_2} = \frac{6}{4\times 12/7 + 2\times 18/7} = 0.50$$

$$L_2 = \frac{O_2}{t_{21}D_1'/D_1 + t_{22}D_2'/D_2} = \frac{8}{3\times 12/7 + 5\times 18/7} = 0.44$$

$$M_1 = \frac{D_1}{t_{11}O_1'/O_1 + t_{21}O_2'/O_2} = \frac{7}{4\times 15/6 + 3\times 15/8} = 0.45$$

$$M_2 = \frac{D_2}{t_{12}O_1'/O_1 + t_{22}O_2'/O_2} = \frac{7}{2\times 15/6 + 5\times 15/8} = 0.49$$

これらを式(3)に代入して

$$t_{11}' = t_{11}\frac{O_1'}{O_1} \cdot \frac{D_1'}{D_1} \cdot \frac{L_1 + M_1}{2} = 4\times\frac{15}{6}\times\frac{12}{7}\times\frac{0.50 + 0.45}{2} = 8.14$$

$$t_{12}' = t_{12}\frac{O_1'}{O_1} \cdot \frac{D_2'}{D_2} \cdot \frac{L_1 + M_2}{2} = 2\times\frac{15}{6}\times\frac{18}{7}\times\frac{0.50 + 0.49}{2} = 6.36$$

$$t_{21}' = t_{21}\frac{O_2'}{O_2} \cdot \frac{D_1'}{D_1} \cdot \frac{L_2 + M_1}{2} = 3\times\frac{15}{8}\times\frac{12}{7}\times\frac{0.44 + 0.45}{2} = 4.29$$

$$t_{22}' = t_{22}\frac{O_2'}{O_2} \cdot \frac{D_2'}{D_2} \cdot \frac{L_2 + M_2}{2} = 5\times\frac{15}{8}\times\frac{18}{7}\times\frac{0.44 + 0.49}{2} = 11.21$$

従って，第1回計算終了時の OD 表は次のとおりとなる。

表3 第1回計算終了時の OD 表

O＼D	1	2	計
1	8.14	6.36	14.50
2	4.29	11.21	15.50
計	12.43	17.57	30.00

発生交通量および集中交通量が，既に予測されている将来値（表2）と一致しないので，表3を現況 OD 表とみなして再び計算を行う。

(2) 第2回計算

L_i と M_j を求める。

$$L_1 = \frac{O_1}{t_{11}D_1'/D_1 + t_{12}D_2'/D_2} = \frac{14.50}{8.14 \times 12/12.43 + 6.36 \times 18/17.57} = 1.01$$

$$L_2 = \frac{O_2}{t_{21}D_1'/D_1 + t_{22}D_2'/D_2} = \frac{15.50}{4.29 \times 12/12.43 + 11.21 \times 18/17.57} = 0.99$$

$$M_1 = \frac{D_1}{t_{11}O_1'/O_1 + t_{21}O_2'/O_2} = \frac{12.43}{8.14 \times 15/14.50 + 4.29 \times 15/15.50} = 0.99$$

$$M_2 = \frac{D_2}{t_{12}O_1'/O_1 + t_{22}O_2'/O_2} = \frac{17.57}{6.36 \times 15/14.50 + 11.21 \times 15/15.50} = 1.01$$

これらを式(3)に代入して

$$t_{11}' = t_{11}\frac{O_1'}{O_1} \cdot \frac{D_1'}{D_1} \cdot \frac{L_1 + M_1}{2} = 8.14 \times \frac{15}{14.50} \times \frac{12}{12.43} \times \frac{1.01 + 0.99}{2} = 8.13$$

$$t_{12}' = t_{12}\frac{O_1'}{O_1} \cdot \frac{D_2'}{D_2} \cdot \frac{L_1 + M_2}{2} = 6.36 \times \frac{15}{14.50} \times \frac{18}{17.57} \times \frac{1.01 + 1.01}{2} = 6.81$$

$$t_{21}' = t_{21}\frac{O_2'}{O_2} \cdot \frac{D_1'}{D_1} \cdot \frac{L_2 + M_1}{2} = 4.29 \times \frac{15}{15.50} \times \frac{12}{12.43} \times \frac{0.99 + 0.99}{2} = 3.97$$

$$t_{22}' = t_{22}\frac{O_2'}{O_2} \cdot \frac{D_2'}{D_2} \cdot \frac{L_2 + M_2}{2} = 11.21 \times \frac{15}{15.50} \times \frac{18}{17.57} \times \frac{0.99 + 1.01}{2} = 11.11$$

従って，第2回計算終了時の OD 表は次のとおりとなる。

表4　第2回計算終了時の OD 表

O＼D	1	2	計
1	8.13	6.81	14.94
2	3.97	11.11	15.08
計	12.10	17.92	30.02

　発生交通量および集中交通量が，既に予測されている将来値（表2）とほぼ一致したので，ここで計算を打ち切る。従って，予測される将来OD 表は表4のとおりとなる。

　なお，データの扱いやすさを考慮して，予測値の端数を丸めて整数化することが多い。この場合，将来 OD 表は表5のとおりとなる。

表5　整数化した将来 OD 表

O＼D	1	2	計
1	8	7	15
2	4	11	15
計	12	18	30

　　2）　重力モデル

　重力モデル（グラビティモデルとも呼ばれる）は，物理学の万有引力の法則を交通量にあてはめたモデルです。ニュートンは，質量 M と m の距離が r のとき，2つの物体の間には，

$$F = G \cdot \frac{Mm}{r^2}$$

という引力 F が作用することを発見しました（G は万有引力定数）。

　ゾーン ij 間の交通量についても，O_i や D_j が大きいほど多く，一方，ゾーン間の「距離」（より一般的には，時間や費用を考慮した移動抵抗）が大きくなると少なくなることが予想されます。そこで，重力モデルとして，以下の式が提案されています。

$$[\text{分布交通量 } t_{ij}] = \alpha \times [\text{発生交通量 } O_i]^\beta \times [\text{集中交通量 } D_j]^\gamma \times f([\text{ゾーン間の移動抵抗}])$$

関数 f には何らかの単調減少関数を仮定します。現在 OD 表に基づいて，パラメータ α，β，γ および関数 f を推定し，得られたモデル式に将来発生交通量 O_i' と将来集中交通量 D_j' を代入して将来の分布交通量 t_{ij}' を推定するのです。

もちろん人の移動は万有引力の法則に従うわけではありませんが，重力モデルを用いると，将来の土地利用状況の変化やゾーン間の交通条件の変化をある程度考慮した交通量予測を行うことができます。

重力モデルを用いて算出された分布交通量の合計は，そのままでは発生交通量や集中交通量と一致しません。そこで，現在パターン法の場合と同様，フレーター法などを用いて分布交通量を調整します。

　3)　目的地選択モデル

まず発生交通量を予測しておき，発生交通量に到着地（目的地）選択率を乗じることによって，分布交通量を求める方法です。集中交通量は先に予測しておくのではなく，分布交通量を合計することで事後的に得られます。

到着地（目的地）選択率の予測には，前述した離散選択モデルを用います。このときの効用の説明変数には，出発地から到着地までの交通費用，到着地の魅力を表わす変数（通勤目的トリップならば到着地ゾーンの就業者数など，買物目的トリップならば到着地ゾーンの商業施設床面積など）などが用いられます。

　4)　ゾーン内々交通量予測モデル

上述の1)は現在の分布交通量のパターンが将来もそのまま続くと仮定するモデルですから，ゾーン間トリップ（起点と終点が異なるゾーンに属するトリップ）だけでなく，内々トリップ（起点と終点が同一ゾーンとなっているトリップ）にも同じ仮定を置けば，ゾーン間とゾーン内々の両方の分布交通量を一つのモデルで予測できます。しかし，2)や3)で解説したモデルでは，内々トリッ

プをうまく予測できないことがあります。その場合には，ゾーン間トリップの
みを上述のモデルを用いて予測し，内々トリップについては，ここで説明する
ゾーン内々交通量予測モデルを用いて別途予測することがあります。

　最も単純で簡単なモデルは，ゾーンの内々トリップ数がそのゾーンから発生
するトリップ数に占める割合（ゾーン内々率）が将来も変わらないと仮定して
現在のゾーン内々率を将来の発生交通量に乗じてゾーン内々トリップ数を先決
めする方法です。

$$t_{ii}' = O_i' \cdot \frac{t_{ii}}{O_i}$$

　この式の通りに各ゾーンの内々トリップ数を先決めした後に，2)や3)の方法
で将来のゾーン間トリップ数を予測することになります。

　一方，ゾーン内々率が将来も変化しないと仮定することが難しい場合には，
ゾーン内々交通量に影響を及ぼすと考えられる要因を説明変数とする数理モデ
ルを推定する必要があります。そのモデルには対象となる地域の特性やそれに
基づく影響要因によって様々なものが考えられ，一般的なモデルをひとつに絞
ることはできません。ここでは，ひとつの例として，ゾーン内々トリップ数が
そのゾーンの発生交通量や面積 A_i，居住地就業人口に対する従業地就業人口
の比率 P_i に正の影響を受けると仮定したモデルを示します。

$$t_{ii} = K \cdot O_i^\alpha \cdot A_i^\beta \cdot P_i^\gamma$$
　　　ここで，K, α, β, γ はパラメータ

第3段階：どの交通手段を使うかを予測する〜分担交通量の予測

　分布交通量を交通手段別に分けたものを分担交通量と呼び，その時の交通手
段別の比率を手段分担率，機関分担率，あるいは単に分担率と呼びます。分担
率は OD ペアによってそれぞれ異なります。

　分担交通量の予測には，例えば以下のモデルが用いられます。

1) 非集計ロジットモデル

[ゾーン i からゾーン j に行くときに交通手段 m を選ぶ確率]

=[交通手段 m の効用が他の交通手段の効用よりも大きくなる確率]

$$= \frac{\exp（交通手段mを選んだときの確定効用 V_m）}{\sum\limits_{M \in 全選択肢} \exp（交通手段Mを選んだときの確定効用 V_M）}$$

[交通手段 m を選んだときの確定効用 V_m]

=$\alpha_1 \times$[ゾーン i からゾーン j までの手段 m による所要時間]

+$\alpha_2 \times$[ゾーン i からゾーン j までの手段 m の料金]

+$\alpha_3 \times$[ゾーン i からゾーン j までの手段 m の乗換回数]+…

α はパラメータです。パラメータは，交通手段の選択実績データになるべくよく一致するように，最尤法と呼ばれる計算手順によって定められます[9]。

2) 集計ロジットモデル

[ゾーン i からゾーン j に行くときの交通手段 m のシェア]

$$= \frac{\exp（V_m）}{\sum\limits_{M \in 全選択肢} \exp（V_M）}$$

V_m=[パラメータ1]×[説明変数1]+[パラメータ2]×[説明変数2]+…

集計ロジットモデルも非集計ロジットモデルも式の形は全く同じですが，両者は理論的な根拠と発展経緯が異なります。集計ロジットは経験的に見出された式形ですが，非集計ロジットモデルはミクロ経済学に理論的な根拠を置き，個人の行動を予測するために発展してきたモデルです。

また，データの扱い方から両者の違いを見てみましょう。集計ロジットモデルは，被説明変数や説明変数として個々のデータをゾーン単位で集計して得られるゾーンの代表値を用いています。被説明変数は上式に示したとおり，ゾーン i からゾーン j に行くときの交通手段 m のシェアです。これはゾーン間の個々のトリップデータを集計して得られる値です。また，説明変数は，交通手

段のサービス変数や個人属性などのゾーン間の平均値を用います。一方，非集計モデルは，集計していない個々のトリップデータから得られる交通手段の選択結果をそれに対応する交通サービス変数や個人属性データで説明できるようにパラメータを推定します。データは集計せずに個々のデータがパラメータ推定にそのまま使われます。このようなデータの扱い方の違いと特徴が両者の「集計」「非集計」とそれぞれ呼ばれる所以です。

　この他，かつては分担率曲線法や犠牲量モデルなども使われていましたが，今日では，非集計ロジットモデルは理論的根拠がしっかりとしている上に，計算値が実績値と比較的よく一致するので，最もよく用いられています。

第4段階：どの経路を通るかを予測する〜配分交通量の予測

(a) 交通量配分と等時間原則

　交通手段別 OD 表のうち，例えば自動車 OD 表は2つのゾーン間を移動する自動車トリップ数を表わしていますが，2つのゾーンの間には数多くの様々な経路が存在するのが普通です。そこで，自動車トリップがどの経路を通るかを予測することにより，各経路の交通量を算出します。また，それらを道路区間別に足し合わせれば，それぞれの道路区間の交通量を予測することができます。こうして得られる区間別の交通量を配分交通量と呼びます。また，配分交通量を予測するプロセスを交通量配分と呼びます。

　自動車だけでなく，鉄道，バス，徒歩などの交通手段についても，それぞれ交通量配分を行うことがありますが，ここではまず自動車交通について考えてみます。

　交通量配分を行うにあたっては，それぞれのトリップをどの経路に割り当てるのかを表すルールを決めておく必要があります。なるべく簡単でかつ納得しやすい配分ルールとして，「人は最も所要時間の短い経路を選ぼうとする」という仮定を置くことが一般的です。

　ところで，道路では交通量が増えると速度が低下して所要時間が延びます。従って，単純に全てのトリップを同じ経路に割り当ててしまうと，一部の道路

だけが混雑してかえって所要時間が長くなってしまうかも知れません。つまり，交通量配分の結果は道路の所要時間に影響を与え，道路の所要時間は交通量配分の際の経路選択に影響を与えるという，相互依存の関係にあるので，「最も所要時間の短い経路にトリップを割り当てる」ことは簡単ではありません。そこで，それぞれの経路に割り当てる交通量のバランスを上手く調整して，どの車が割り当てられた経路も最短経路になるようにすることを考えます。このような状態にあることを「『等時間原則』が満たされている」と言います。

　今日用いられている交通量配分の手法はほとんど全て，この等時間原則あるいはその発展形を前提としています。

　(b)　リンクパフォーマンス関数と交通容量

　自動車の交通量配分を行うにあたっては，交通量が所要時間に与える影響を考慮する必要があります。道路のある区間の速度や所要時間を交通量の関数として表したものをリンクパフォーマンス関数と呼びます。

　代表的なリンクパフォーマンス関数は例えば図3.20のような形をしており，いずれも関数のパラメータとして「交通容量」を設定する必要があります。しかし，図3.20からも分かるように，リンクパフォーマンス関数では交通容量を

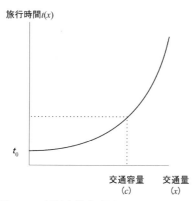

図 3.20　利用者均衡配分のためのリンク
　　　　　パフォーマンス関数の概形

137

超えた交通量が流れることも許されています。ここでの交通容量とは，第2章で述べた交通容量のように道路の処理能力そのものを表しているわけではなく，リンクパフォーマンス関数を定義する上での便宜的なパラメータに過ぎません。

(c)　分割配分法

では，等時間原則が満たされるように上手く交通量を配分するには，どうすればよいのでしょうか。かつて，そのような計算方法が未解明で，計算機の能力も非常に貧弱だった頃（1950年代）に，等時間原則に近い状態を簡便かつ近似的に算出する方法として開発されたのが，分割配分法です。

分割配分法では，以下の手順に従って計算を行います。

① リンクパフォーマンス関数に交通量＝0を代入し，道路上の交通量がゼロのときの各道路区間の所要時間を算定する。

② それぞれのOD間の最短経路（所要時間最小の経路）をみつける。

③ 自動車OD交通量の一部（例えば2割）をそれぞれのOD間の最短経路に割り付ける。すでに割り付けられている交通量があれば，それに加算して行く。

④ 全てのODについて交通量の割り付けが終わったら，各道路区間の交通量をリンクパフォーマンス関数に代入し，各道路区間の所要時間を算定（更新）する。

⑤ 上記の②に戻る。自動車OD交通量を全て配分し終わったら計算終了。

このように，OD交通量を何回分かに分割して少しずつ配分するので，分割配分法と呼ばれています。何回に分けるかについては決まったルールはなく，経験的に5〜10回程度に分割することが多くなっています。また，等分割とは限らず，例えば最初は3割，次は2割……，というように不均等に分割することもあります。

分割配分法では，計算が全て終わった時点であらためて第1回目に選んだ経路を見ると，必ずしも最短経路とはなっていません。しかし，そのような経路の交通量を，もっと所要時間の短い経路に後から割り付け直すことはしませ

ん。従って，等時間原則は必ずしも達成されていません。

(d) 利用者均衡配分モデル

等時間原則が完全に満たされた状態を「利用者均衡状態」と呼びます。利用者均衡状態では，所要時間最短となる経路のみに交通量が配分され，最短経路以外には交通量はまったく配分されません。この利用者均衡状態での交通量を厳密に求める手法が利用者均衡配分です。

具体的には，交通量が配分される各経路の所要時間が全て等しくなるようにバランスをとりながら，各経路に配分する交通量の調整を何度も繰り返す計算を行います。このとき，闇雲に調整を繰り返すのではなく，必ず利用者均衡状態に収束することが証明されている効率的な計算手順が開発されています。

また，ある一定の条件下では，利用者均衡状態が必ず存在すること（解の存在性），および，利用者均衡状態の解は一通りしかないこと（解の唯一性）が理論的に証明されています。

【例題】利用者均衡配分と分割配分の計算例

図1のOD間に日交通量6千台の自動車交通量があることが推定されている。いま，OD間にa，bの2つのルートがあるとき，利用者均衡配分と分割配分の2つの配分手法をそれぞれ用いた場合のそれぞれのルートの交通量を推定したい。それぞれのルートの距離と最大旅行速度（交通量がゼロまたは少ない時の最大の旅行速度）は，表のように与えられている。分割配分の分割数は3とする。リンクパフォーマンス関数は図2のように

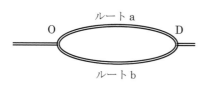

	距離	最大旅行速度
ルート a	2.5km	40km/h
ルート b	4.0km	50km/h

図1 計算対象ネットワーク

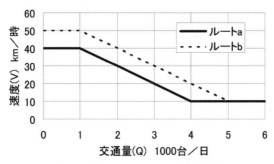

図2 リンクパフォーマンス関数

与えられているものとする。このとき，2つの配分手法のそれぞれについて以下の順序で推定を行え。

(1)　分割配分

①　第1分割について最短経路に交通量を配分し，この時点でのルートa，bの交通量を求めよ。（所要時間は最大旅行速度と距離より求める）

②　第1分割の配分後の，各々のルートの速度を求めよ。

③　上で求めた速度に基づいて，第2分割の最短経路配分を行い，この時点でのルートa，bの交通量を求めよ。

④　第2分割の配分後の，各々のルートの速度を求めよ。

⑤　上で求めた速度に基づいて，第3分割（分割された最後のOD間交通量）の最短経路配分を行い，ルートa，bの配分交通量を求めよ。

【解答】

①　第1分割（最初の2000台）についての配分を行う。

　　　ルートaの所要時間：2.5/40≒0.06

　　　ルートbの所要時間：4.0/50＝0.08

　　　→ルートaが最短経路なので，<u>ルートaに2000台を配分</u>。

②　配分された経路の速度の更新を行う。

　　　ルートa：リンクパフォーマンス関数より，

40km/h を30km/h に更新する。

ルート b は50km/h のまま。

③　第2分割（次の2000台）についての配分を行う。

ルート a の所要時間：2.5/30 ≒ 0.083

ルート b の所要時間：4.0/50 = 0.080

→ルート b が最短経路なので，ルート b に2000台を配分。

④　配分された経路の速度の更新を行う。

ルート a：30km/h のまま。

ルート b：リンクパフォーマンス関数より，

50km/h を40km/h に更新する。

⑤　第3分割（最後の2000台）についての配分を行う。

ルート a の所要時間：2.5/30 ≒ 0.083

ルート b の所要時間：4.0/40 = 0.100

→ルート a が最短経路なので，ルート a に2000台を配分。

以上より，

分割配分による配分交通量は，ルート a = 4000台，ルート b = 2000台

(2)　利用者均衡配分

①　全ての OD 間交通量について最短経路配分を行い，この時点でのルート a，b の交通量を求めよ。（所要時間は最大旅行速度と距離より求める）

②　第1回目の配分後の，各々のルートの速度を求めよ。

③　上で求めた速度に基づいて，再び全ての OD 間交通量について最短経路配分を行い，ルート a，b の交通量を求めよ。

④　第1回目の配分によるルート a，b の交通量と，第2回目の配分によるルート a，b の交通量の加重平均を求めよ。加重平均の重みは $(1-s):s$ とし，s は以下の目的関数 Z が最小となるように決定する。

$$\min Z = \int_0^{(1-s) \cdot Q_a^1 + s \cdot Q_a^2} t_a(w) \cdot dw + \int_0^{(1-s) \cdot Q_b^1 + s \cdot Q_b^2} t_b(w) \cdot dw$$

　　ただし，t_a, t_b はそれぞれルート a，b の所要時間であり，Q_a^n, Q_b^n はそれぞれ n 回目の配分によるルート a，b の交通量である。

【解答】

①　全ての OD 間交通量についての最短経路配分を行う。

　　　　ルート a の所要時間：$2.5/40 \fallingdotseq 0.06$

　　　　ルート b の所要時間：$4.0/50 = 0.08$

　　　　→ルート a が最短経路なので，ルート a に6000台を配分。

②　配分された経路の速度の更新を行う。

　　　　ルート a：リンクパフォーマンス関数より，

　　　　　　　　40km/h を10km/h に更新する。

　　　　ルート b は50km/h のまま。

③　全ての OD 間交通量についての最短経路配分を行う。

　　　　ルート a の所要時間：$2.5/10 = 0.25$

　　　　ルート b の所要時間：$4.0/50 = 0.08$

　　　　→ルート b が最短経路なので，ルート b に6000台を配分。

④　第1回目の配分による交通量と第2回目の配分による交通量の加重平均をとる。

　　　　目的関数 Z を変形すると，

$$Z = \int_0^{(1-s) \cdot Q_a^1 + s \cdot Q_a^2} t_a(w) \cdot dw + \int_0^{(1-s) \cdot Q_b^1 + s \cdot Q_b^2} t_b(w) \cdot dw$$
$$= 142.5 + 250 \cdot \{\ln(6s-1) - \ln 4\} + 400 \cdot \{\ln(6-6s) - \ln 5\}$$

　　　　これを最小化する s を，s を少しずつ動かしながら探すと，

　　　　　$s \fallingdotseq 0.4872$

　　　　→重み0.5128：0.4872を用いて加重平均をとる

　　　　ルート a の交通量：$0.5128 \times 6000 + 0.4872 \times 0 = 3077$台

　　　　ルート b の交通量：$0.5128 \times 0 + 0.4872 \times 6000 = 2923$台

以上より，

利用者均衡配分による配分交通量は，ルート a ＝3077台，ルート b ＝2923

<u>台</u>
　この結果を分割配分の結果と比較すると，分割配分では利用者均衡配分と比べてルート a が過大に，ルート b が過小に交通量が推計されていることがわかる。

(e)　公共交通の交通量配分

　自動車交通に限らず，公共交通ネットワーク（鉄道網や路線バス網）についても，交通量配分を行うことがあります。例えば，鉄道の各区間の利用者数を予測する場合には，鉄道利用者の OD 表を鉄道ネットワーク上に配分します。

　公共交通の場合には，所要時間は運行ダイヤによってあらかじめ決まっているので，交通量が所要時間に与える影響を考える必要はありません。その代わり，運賃・料金，乗り換えの手間，列車の待ち時間，運行頻度，列車の快適性，着席可能性，普通列車と優等列車の乗り継ぎなど，自動車交通よりも複雑で多様な要因を考慮した配分ルールを組み込んだ交通量配分モデルが用いられています。

3.3.4　四段階推計法の改善に向けて

(1)　四段階推計法の問題点

(a)　4つのステップの間に理論的な一貫性が欠けている

　四段階推計法では，発生・集中交通量の予測では例えば回帰モデル，分布交通量の予測では物理学を真似た重力モデル，手段分担の予測では経済学に理論的根拠を持つ非集計ロジットモデル，といった具合に，それぞれのモデルの間に理論的な一貫性が乏しいものになっています。

　そこで，発生・集中，分布，手段分担，配分の全てのステップを，理論的な根拠のしっかりした離散選択モデルを用いて統一的に説明しようという予測モデルが研究されています。

(b)　誘発交通を考慮したい

　交通施設の整備によって交通サービスが改善されると，他の経路や他の交通手段から利用者が移って来るだけではなく，目的地の変更や発生交通量の増加

などをもたらすことがあります。このように，交通サービスの改善に伴う交通需要の増加を「誘発交通」と呼びます。

このような誘発交通の発生を予測したい場合には，発生・集中交通量予測モデルや分布交通量予測モデルの説明変数として交通サービス水準を表す指標（所要時間や交通費用など）を組み込む必要があります。

ところで，交通サービス水準を表す所要時間（特に道路の所要時間）は本来は需要と供給のバランスで決まるので，交通量配分モデルから算出されるものです。しかし四段階推計法では，発生・集中交通量，分布交通量，手段分担の予測はいずれも交通量配分よりも先に行う必要があるので，交通量配分モデルから算出される所要時間ではなく，別の何らかの方法であらかじめ算定した所要時間を用いることになります。従って，交通施設整備に伴う交通サービス水準の向上（所要時間の短縮など）は，発生・集中交通量，分布交通量，手段分担の予測の段階ではきちんと考慮されていないことになります。

(c)　トリップベースの予測の限界

四段階推計法は，1 日に行われるトリップを一括りとしてトリップ数を予測するトリップベースの手法です。トリップどうしの関係や，トリップとトリップの間の活動時間は扱いません。そのため，活動時間や滞在時間の予測はできませんし，オフピーク通勤（通勤時間帯のシフト）がその後のトリップの発生や交通手段に与える影響や，通勤交通手段の変更がその後のトリップの交通手段に与える影響なども考慮することはできません。

近年は，インフラ整備やソフト施策による中心市街地の活性化（街なかでの人々の活動量や暮らしの質の変化）の評価や，時間帯によって異なる交通施設の運用や MaaS，帰宅困難対策の評価などの施策評価ニーズが高まっていますが，こうした施策評価は，四段階推計法では困難となっています。

(2)　交通ネットワーク統合モデル

上記の(a)(b)ような課題に応えるものとして，発生・集中交通量の予測，分布交通量の予測，手段分担の予測，交通量配分の各段階を一貫した交通行動理論に基づいてモデル化し，かつ，各段階間の相互作用についても明示的に考慮す

ることによって，全体を統合したひとつのモデルによって表現した，「交通ネットワーク統合モデル」あるいは「統合型利用者均衡モデル」等と呼ばれる予測手法があります。

交通ネットワーク統合モデルでは，出かけるか出かけないかの選択，目的地の選択，交通手段の選択，経路の選択をひとまとめにして離散選択モデル（ロジットモデル）によって表現し，かつ，発生交通量，集中交通量，分布交通量，手段別交通量，配分交通量，交通サービス水準指標（所要時間や混雑率など）といった変数が，モデル式によって仮定された互いの関係を全て満たすように，これらの変数を同時に求める（段階的に解くのではなく，例えるなら連立方程式を解くように，相互依存する全てのモデル式を同時に解く）ようになっています。

(3) アクティビティ型交通行動モデル

上記(c)のような課題に対応する予測方法として，「アクティビティ型交通行動モデル[10)11)12)]」があります。これは，一人ひとりの活動に焦点を当ててモデル化したもので，研究ベースでは国内でも古くから取り組まれており，欧米では実務においても普及が進み，技術的蓄積が進んでいます。

四段階推計法はトリップ数を集計的に表現した推計方法ですが，アクティビティ型交通行動モデルは個人の一日の一連の活動を表現します。このため，世帯構成を含む多様な個人属性を加味しやすく，時間帯の概念やトリップチェインも容易に考慮することができます。モデルからのアウトプットは人の一日の活動データとなり，従来のような目的別代表交通手段別 OD 表の集計に加えて，外出率や活動時間の集計も可能です。

アクティビティ型交通行動モデルは，3.2で述べたアクティビティダイアリー調査を用いることがより望ましいですが，従来のパーソントリップ調査で収集した情報を用いて作ることも可能です。

第 6 回東京都市圏パーソントリップ調査（2018年度に実態調査を実施）では，これまでトリップベースの予測手法であるために活用されてこなかった情報を生かしてアクティビティ型交通行動モデルを作成し，政策分析等を行うこ

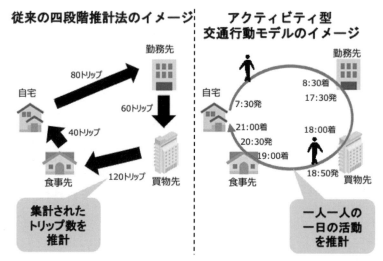

図 3.21　従来の四段階推計法とアクティビティ型交通行動モデルのイメージ

とが検討されています。

3.3.5　時々刻々と変化する交通状況をモデル化する～交通量推計手法の動学化

(1)　静的な推計手法の限界と動学化の必要性

わが国で一般的に用いられている交通量予測手法は，主に１日あたりの交通量を予測するものが多く，またその計算過程では１日の中の時間帯（昼と夜，ピーク時とオフピーク時など）による違いを考慮せず，平均的な状況が１日中ずっと続くものと暗黙に仮定しています。このような予測モデルを静的なモデルと呼びます。

しかし，実際の交通状況は，１日中同じ状態が続くことはなく，時々刻々と変化する動的な現象です。静的な予測モデルには次のような欠点があります。

・刻々と変動している交通状況を日単位で平均化して定常状態と見なすと，実際の現象とモデルとの乖離が大きくなってしまう。

・時間帯別の交通量を予測したいというニーズには応えられない。

・道路の交通量を予測したり道路整備の効果を評価するにあたっては，渋滞

の状況を予測したいというニーズが高いが，渋滞は動的な現象なので静的な交通量予測モデルで渋滞を扱うことはできない。

・時間帯別道路料金，時間帯別通行規制，リバーシブルレーンなどの効果を予測することができない。

これらの課題に応えるために，時々刻々の交通状況の変化を扱うことのできる動的な交通量予測モデルの必要性が高まっています。

(2) **動的な推計手法**

動的な交通量予測手法，つまり，交通状況の時々刻々の変化を考慮できる交通量予測手法として，主に以下の3種類が挙げられます。

(a) **交通流シミュレーション**

自動車や交通流の比較的細かい動きをコンピューター上でシミュレーションによって再現する方法です。例えば，道路ネットワーク上の一台一台の車の動きを，道路条件，前の車との間隔や速度差など基に計算し，ネットワーク全体の状況を計算してしまおうという方法です。大量のデータや計算が必要になりますが，近年のコンピューターの大幅な能力向上に伴って，実用化が進んでいます。

(b) **動的利用者均衡配分**

利用者均衡配分モデルのような数理モデルを，動的現象にも適用できるように拡張するアプローチです。交通流シミュレーションと比較して，「モデルの仮定が比較的単純，普遍的であり理解しやすい」，「計算結果の持つ性質を解析的に分析可能である」といったメリットがありますが，動的利用者均衡配分モデルはまだ研究の途上にあり，実用化には至っていません。

(c) **準動的利用者均衡配分（時間帯別利用者均衡配分）**

モデルが簡潔であるという静的な利用者均衡配分のメリットを活かしつつ，動的な現象をなるべく取り込んだモデルとして，準動的利用者均衡配分モデル（時間帯別利用者均衡配分モデル）があります。準動的利用者均衡配分モデルには，次のような特徴があります。

・1日を1〜2時間程度の大きさの時間帯に分割する。

・各時間帯の中では交通流の状態は時間軸に依存せず一定であると仮定する。また，等時間原則が成り立っているものと仮定する。

・ある時間帯から次の時間帯に移るときには，交通流の状態変化を考慮する。

ある時間帯から次の時間帯へ移るときの状態変化をモデル上で具体的にどのように考慮するのかによって，時間帯別利用者均衡配分モデルには様々なバリエーションが考えられています。

3.4　これからの時代の交通計画

3.4.1　人口減少時代の交通計画のあり方

(1)　社会潮流の変化

わが国の人口は，戦後から高度成長期にかけて一貫して増加してきました。しかし，人口は2010年にピークを迎え，現在は人口減少局面に移行しています。同時に，出生率の低下と平均寿命の伸長を要因として少子高齢化が進んでおり，2025年には高齢化率が30％を超え，2050年には40％弱に達すると予測されています。女性の社会進出の進展とあわせ，わが国に暮らし，移動する人の特性は，大きく変化してきています。また近年，社会潮流は大きく変化してきています。例えば，地球温暖化問題をはじめとして，様々な問題が顕在化していますが，2015年に SDGs（Sustainable Development Goals）が国際的な目標として定められるなど，国際的に新たな取り組みが始められています。さらに，IT（Information Technology）化の進展も社会に影響を与えており，その一例として都市の諸問題に対して IT を活用しその解決を図るスマートシティの取り組みが世界中で展開されています。これらの社会潮流の変化に適切に応えていくことが，交通分野にも求められています。

(2)　量的な向上だけでなく，質的な向上が必要

1956年，高速道路の調査を目的として，米国からワトキンス調査団が来日しました。ワトキンス調査団によるレポートでは「日本の道路は信じがたいほど悪い。工業国にしてこれほど完全にその道路網を無視してきた国は日本の他に

ない」とコメントされていて，当時の道路の劣悪な整備水準が窺えます（写真 1.3を参照）。

　その後，わが国では道路整備五箇年計画によって，道路整備が進められ，わが国の道路事情は格段に改善されました。戦後の高度経済成長に伴い，自動車交通の需要が急拡大する中，渋滞や交通事故など多くの問題が生じたものの，整備された道路網はわが国の暮らしや経済活動を支えてきたと言えます。一方で，モータリゼーションの急激な進展に対して道路整備の進展が追いついておらず，依然として大都市部を中心に渋滞が発生するなどの問題が生じています。

　わが国の人口は減少局面に移行しました。今後，交通需要についても長期的には減少傾向にあると想定され，道路整備の効果を発現させることが難しくなります。しかし，道路の整備率は6割程度に留まっており（表3.4），人々・物資の移動を支える道路ネットワークの機能向上に向けて，必要性を見極めながら，量的な拡大を進めていくことが重要です。

　また，近年は女性や高齢者の自動車利用が増加するなど，自動車交通が質的に変化してきている他，交通事故の防止，災害時の安全性やリダンダンシーの確保，地球環境問題への貢献，良好な沿道環境の確保，歩行者や自転車，高齢者，障がい者の交通への配慮，滞留空間としての道路空間の活用，まちづくり

表3.4 一般道路の整備状況[13]

区分	実延長(km)	整備済延長(km)	整備率(%)
一般国道（指定区間）	23,892.4	15,410.5	64.5
一般国道（指定区間外）	31,981.9	22,403.5	70.1
一般国道	55,874.2	37,814.0	67.7
主要地方道	57,956.1	37,174.0	64.1
一般都道府県道	71,797.9	38,666.7	53.9
都道府県道	129,754.0	75,840.7	58.4
国・都道府県道	185,628.2	113,654.7	61.2
市町村道	1,031,840.3	614,182.8	59.5
計	1,217,468.5	727,837.5	59.8

との連携などの多様な視点が重要視されるようになってきています。このため，質的な向上をより一層重視しながら，道路ネットワークの機能向上を図ることが重要です。

(3) これからの時代の交通計画のあり方

わが国の道路は，戦後の高度経済成長とともに着実に整備されてきましたが，これらの道路の老朽化が進むことにより，必要とされる維持・更新費が増大することが予想されます。一方で，社会基盤を取り巻く社会情勢は厳しく，新規の道路整備に投資できる財源は減少傾向となることが予測されます（図3.22）。

これからの時代において道路ネットワークの機能向上を図る上では，限られた財政状況下で，量的な不足への対応に加えて，自動車交通の質的な変化や新しい多様なニーズを踏まえ，真に必要な道路ネットワークを構築することが必要となります。

真に必要な道路を見極める上では，客観性・透明性を持った交通需要予測を適切に行うとともに，整備効果について的確に評価・分析することが重要です。これまでの交通計画では将来も右肩上がりの成長を想定し，概ね20年後などの長期を将来の予測年次としておき，その年次の将来交通需要を予測して計画を策定してきました。しかし，近い将来，交通需要の伸びが頭打ちとなり，減少することが予測される状況では，施設整備を前提としたこれまでのような長期の予測を改めて行うことの必要性も低下する可能性もあります。今後は社会状況や交通需要の変化を捉えてこれまで蓄積してきた交通施設を有効に使うために，短期的中期的な政策評価を行い，交通計画策定につなげていくことがますます重要になると考えられます。

交通需要予測手法については，日々技術更新が進み，これまで予測が難しいとされてきた部分についても手法が開発されてきています。

例えば，自動車交通の質的な変化に応える手法としては，少子高齢化社会の下での，「年齢階層別の特性を考慮した予測手法」，余暇活動の活性化を踏まえた，「休日・観光行動の予測手法」などの実現が考えられます。また，環境問

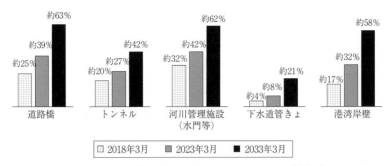

図 3.22 建設後50年以上経過するインフラの割合[14]

題や人口減少下の地域活力確保のためには，集約的な土地利用の実現が求められていますが，土地利用施策が交通に与える影響を適切に評価できる「土地利用と交通需要の関係を予測する手法」により，適切な予測を行うことが望ましいと考えます。さらに，近年の IT 化の進展に伴い，GNSS（2.5.1参照）等を活用した移動軌跡のデータや，交通 IC カードのデータ等の各種のビッグデータが活用されるようになってきており，これらの新たなデータを用いた交通需要予測手法の開発が今後期待されます。

3.4.2 TDM/MM

⑴ 交通需要追随型の限界と「マネジメント」の重要性

戦後の高度経済成長期から現在まで自動車交通量は急速に増加してきました。このモータリゼーションの進展に対して道路整備が追いついていない地域もあり，道路ネットワークの機能向上が依然として必要であることは先に述べたとおりです。しかしながら，財政的制約や予測の不確実性の観点から，道路整備だけでの対応には限界があります。新たな道路整備を行えば，新たな交通需要を誘発してしまう可能性も指摘されています。

このため，従来の需要追随型アプローチから，既存の道路の機能を十分に引き出し活用するとともに，自動車交通の需要に働きかける「マネジメント」を取り入れた新しい総合的なアプローチが益々重要になってきています。

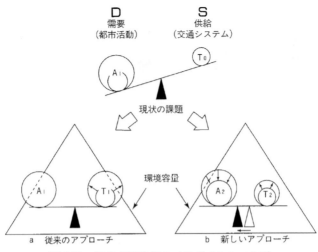

図 3.23　都市交通政策のパラダイムシフト[15]

(2)　移動する人に働きかけて交通を適正化する取り組み〜TDM, MM

　マネジメントの嚆矢として，アメリカにおいて1970年代に広まった TSM（Transportation System Management）が挙げられます。TSM では既存の道路空間の効率的な利用，混雑地域での自動車交通削減，公共交通サービス向上，公共交通内部の管理効率性向上の４つの方策について，実行可能な短期的な施策が取り入れられています[16]。

　この考え方が発展した概念が交通需要マネジメント（Transportation Demand Management：TDM）と呼ばれるものです。TDM とは，都市または地域レベルの道路交通混雑の緩和を道路利用者の時間の変更，経路の変更，手段の変更，自動車の効率的利用，発生源の調整等，交通需要量を調整（＝交通行動の調整）することによって行う手法の体系として定義づけられます[17]。

　TDM は狭義には交通需要を時間的，空間的に分散する施策を指し，短期的な施策で構成されます。しかし，広義には都市の成長管理，土地利用や施設の立地誘導などの長期的な施策も含まれます。

　わが国の TDM は，渋滞対策の１メニューとして，社会実験等で展開されて

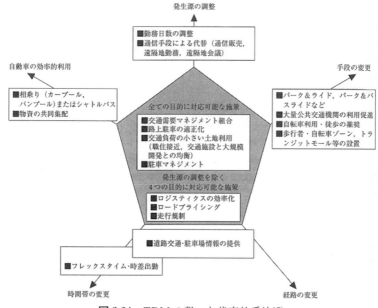

図 3.24 TDM の狙いと代表的手法[17]

きました。IT 化の進展等もあってより多様なメニューが柔軟に導入されよう
としており，将来に向けてさらに導入の拡がりが期待されています。

　近年の関連する動きとして，MaaS（Mobility as a Service）が挙げられま
す。MaaS とは，地域住民や旅行者一人一人のトリップ単位での移動ニーズに
対応して，複数の公共交通やそれ以外の移動サービスを最適に組み合わせて検
索・予約・決済等を一括で行うサービスであると定義され，観光や医療等の目
的地における交通以外のサービス等との連携により，移動の利便性向上や地域
の課題解決にも資する重要な手段となることが期待されます[18]。

　また，土地利用との関係でいえば，福祉や交通なども含めて都市全体の構造
を見直し，「コンパクトシティ・プラス・ネットワーク」の考えで進めていく
ことが重要とされています[19]。このコンセプトを実現するために，2014年に
都市再生特別措置法が改正されました。改正にあたって，都市計画と公共交通
の一体化を図るマスタープランである立地適正化計画制度が創設され，各都市

において検討が進められています。

　さらに，近年の動きとしてモビリティ・マネジメント（Mobility Management：MM）が展開されています。MMとは社会心理学の知見を応用した交通施策で，「環境や健康などに配慮した交通行動を，大規模，かつ個別的に呼びかけていくコミュニケーション施策」と定義されます。

　わが国のMMは居住地，職場，学校など，様々な場面で展開されており，各地の取り組みにおいて，交通渋滞の緩和や公共交通の利用促進に大きな成果を挙げています。

　狭義のMMは，自発的な行動の変化を導くためのコミュニケーションを中心とした施策として定義されます。また，広義のMMとしては，自発的な行動の変化をサポートする施策である交通整備・運用改善施策を含むものとして整理されることもあります。MaaSも行動の変化を促すツールの一つとして期待できます。

　交通円滑化を目的として交通需要を「管理」するのではなく，一人一人の交通行動の満足度を最大化する事を目的として一人一人の「お客様をおもてなし」するという発想の下，TDO（Transportation Demand Omotenashi）という概念が提唱されています[20]。この考え方に基づき，観光地を中心に実験的な取り組みが行われています。

3.4.3　モーダルシフト

（1）　モーダルシフトの必要性

　今後の交通計画では，単に大量の交通需要を処理することに留まらず，社会潮流の変化に伴って新たに重要度が増す多様な目標（例えば環境問題への貢献，歩行者・自転車・二輪車・自動車全ての安全性確保，快適な移動の実現，道路上での賑わい空間づくりなどのまちづくりへの貢献など）の実現が求められます。

　これらの目標を実現する上では，いずれも，自動車の利用について適正な状態へ誘導を行うこと（適正化）が必要です。適正化には，クルマから他の交通手段への手段転換（モーダルシフト），クルマでの移動そのものについて時間

的な分散化や相乗り等による効率化など，様々な方策が考えられますが，モーダルシフトは多様な目標に密接に関連し，解決策のカギを握ると言えます。モーダルシフトは前項で紹介した TDM の手法の 1 つでもあります。

(2) モーダルシフトの実現に向けて

モーダルシフトの実現に向けては，様々な方策が考えられます。

例えば，他の交通手段のサービスレベルを向上してモーダルシフトを実現するためには，公共交通や自転車の走行空間・歩行者の歩行空間の確保，LRT や BRT などの新たな公共交通の導入，P&R 等の交通システム導入が考えられます。

また，クルマでの移動に少し制限をかけることによってモーダルシフトを実現する方法として，ロードプライシングや流入規制などを行うことが考えられます。

あわせて，クルマで移動する一人ひとりのユーザーに，交通行動を変える必要性や重要性を理解してもらうことでモーダルシフトの実現を支援するためには，MM を実施して対象者とコミュニケーションを行うことが考えられます。

モーダルシフトの実現に向けては，上記のどれかひとつだけが重要，ということではなく，各種の施策を組み合わせて実施することが重要です。また，施策の実施にあたっては，事前に達成を目指す目標を設定し，達成度を検証しつつ戦略的に施策を推進することが重要であると考えられます。

3.4.4 交通シミュレーションを活用した交通計画の検討

従来，道路整備や交通施策を評価する際，需要率等を指標とした交差点解析や交通量配分を用いた検討が行われてきていましたが，時々刻々と変化する渋滞状況や周辺交差点への影響などを考慮することができないといった問題点を抱えていました。その問題点を解決する手法として，交通現象を動的に解析できる交通シミュレーションの適用が考えられます。

交通シミュレーションは，詳細な道路構造や信号など現実に近いデータを設定し，車両 1 台 1 台の挙動を扱うことにより，時々刻々と変化する交通状況を表現することができるツール（システム）です。主に車両の移動方法を表現す

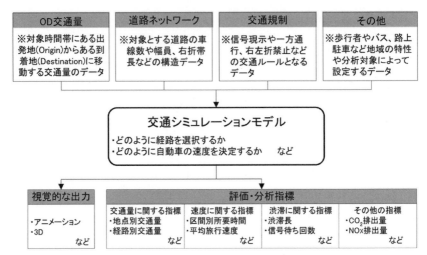

OD交通量	道路ネットワーク	交通規制	その他
※対象時間帯にある出発地(Origin)からある到着地(Destination)に移動する交通量のデータ	※対象とする道路の車線数や幅員、右折帯長などの構造データ	※信号現示や一方通行、右左折禁止などの交通ルールとなるデータ	※歩行者やバス、路上駐車など地域の特性や分析対象によって設定するデータ

交通シミュレーションモデル

・どのように経路を選択するか
・どのように自動車の速度を決定するか　　など

視覚的な出力
・アニメーション ・3D 　　　　　　　　など

評価・分析指標			
交通量に関する指標	速度に関する指標	渋滞に関する指標	その他の指標
・地点別交通量 ・経路別交通量 　　　　　　　など	・区間別所要時間 ・平均旅行速度 　　　　　　　など	・渋滞長 ・信号待ち回数 　　　　　　　など	・CO_2排出量 ・NOx排出量 　　　　　　　など

図 3.25　交通シミュレーションモデルの構成イメージ

るモデルとドライバーの経路選択行動を表現するモデルから構成されており，時間の経過に合わせて変動する個々の車両挙動をアニメーションとして表現することができます。時間の経過とともに車両が動き，ある経路には多くの車両が流入し，その経路を通過するのに必要な時間が長くなります。そしてその結果を反映して各経路の所要時間が更新されます。更新された所要時間のもとで全ての経路の中から各車両が最短時間で移動できる経路を選択し，各車両がその経路に流れていきます。このような各車両の計算機上の挙動の集合としての交通状況と実際の交通状況を比較してなるべく実際の交通状況を再現できるように調整します。このように計算機上で表現される交通状況は，複数交差点の相互の影響なども含め，俯瞰的に確認することができます。

　また，交通行動の結果を集計することにより，滞留長や信号待ち回数など実感に合った分かりやすい指標を算出することができます。そのため，道路整備や交通施策についての説明，評価ツールとして，交通管理者から要請されることもあるなど，着実に実務での活用も多くなっています。

　国土交通省は，平常時・災害時を問わず安定的な輸送を確保するために重要

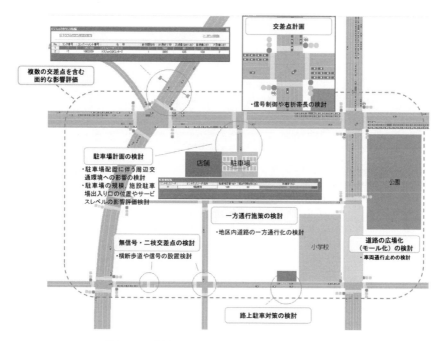

図 3.26 交通シミュレーションの適用イメージ

な道路を「重要物流道路」として指定しています。この「重要物流道路」では，沿道に大規模施設が立地する際には，周辺交通に与える影響の分析と対策の検討を行うために，必要に応じて交通シミュレーションの実施が求められるようになっています。

　一方で，時間単位の交通量や速度，渋滞などのデータ，情報が十分に整備されていないことや，将来の時間単位の OD 表の作成方法が確立されていないこと，予測モデルに求められる経済理論との整合性などの面で課題もあります。それらを認識した上で，交通シミュレーションを適切に活用することができれば，実感にあった交通状況を視覚的に確認できるとともに，道路整備や交通施策の効果や影響に対する市民の理解が深まることが期待できます。

参考・引用文献

1) 前橋市：地域公共交通網形成計画，平成30年3月
2) 宇都宮市：新交通システム導入基本計画策定調査報告書，平成14年3月
3) 新居浜市：平成18年度新居浜市都市交通計画策定調査業務報告書，平成19年3月
4) 住友電工ソリューションシステム株式会社資料
5) 株式会社建設技術研究所「建設コンサルタント業務における深層学習（ディープラーニング）の利活用について」，機関紙 JACIC 情報/119号
6) 国土交通省：道路統計年報2019
7) 第6回東京都市圏パーソントリップ調査世帯票
8) 第6回東京都市圏パーソントリップ調査個人票
9) 土木学会：非集計行動モデルの理論と実際，丸善，1995年
10) J. Castiglione, M. Bradley, J. Gliebe: Activity-Based Travel Demand Models: A Primer, SHRP 2 Report S2-C46-RR-1, 2014
11) J. L. Bowman, M. E. Ben-Akiva: Activity-based disaggregate travel demand model system with activity schedules, Transportation Research Part A 35, pp.1-28, 2000
12) 藤井聡，大塚祐一郎，北村隆一，門間俊幸：時間的空間的制約を考慮した生活行動軌跡を再現するための行動シミュレーションの構築，土木計画学研究・論文集，No.14，pp.643‐652，1997
13) 国土交通省：道路統計年報2020
14) ぎょうせい：国土交通白書2020
15) 太田勝敏：季刊 MOBILITY，1995冬
16) 新谷洋二・原田昇編著：都市交通計画（第3版），技報堂，2017年
17) 交通需要マネジメントに関する調査研究委員会：わが国における交通需要マネジメント実施の手引き，平成11年
18) 国土交通省HP：（https://www.mlit.go.jp/sogoseisaku/japanmaas/promotion/）
19) 国土交通省：みんなで進める，コンパクトなまちづくり　〜いつまでも暮らしやすいまちへ〜
20) 久保田尚：「おもてなし」の発想に転換しよう IATSS Review，Vol.31，No.4，2006

4章 将来予測に基づいて道路を計画し設計する

第3章では，交通計画の標準的な策定手順や，その中での将来需要予測の方法等について学びました。本章では，将来予測に基づいて，道路を計画し，設計する手順について学びます。

まず，4.1節では，道路ネットワークの基本的なあり方について学ぶとともに，道路の計画設計の実務上のよりどころである道路構造令について紹介します。

4.2節は，将来交通需要予測の結果に基づいて道路計画を立案する具体的手続きを紹介します。

続く4.3節は，「計画の決定」に言及しています。4.2で立案した「計画」は，実はまだ「案」の段階であり，「計画」として法的に位置づけるためには都市計画法に基づく手続きが必要になります。この節では，都市計画の仕組みの概略を説明しながら，その手続きについて学びます。

4.4節では，道路の設計の段階に必要な基礎知識を学びます。道路が，車両の物理的特性を十分配慮してきわめて合理的に設計されるものであることを理解してください。

4.1 道路計画の基本

4.1.1 道路の種類とネットワーク計画

道路には様々な種類のものがあります。自動車専用道路，幹線道路といった自動車の通行を重視した道路から，歩行者専用道路（モール）といった歩行者重視の道路まで，役割や構造が実に多様です。そこで，道路計画を策定するた

めには，どのような種類の道路をどのような考え方で配置するか，ということを，まず考えなければなりません。

　この問題を，初めて体系的に議論したのが，1963年に出版された英国政府の報告書「都市の自動車交通」（Traffic in Towns）という報告書です。調査チームのリーダーの名前をとって通称ブキャナンレポートと呼ばれるこの報告書は，急激なモータリゼーションが進展していた1960年代の英国の状況を踏まえ，車社会に適した市街地のあり方とはどのようなものか，を包括的かつ科学的に議論した画期的な報告書でした。

　ブキャナンレポートは，まず，道路の段階構成の重要さを指摘しました。段階構成，すなわち，自動車専用道路から一般の幹線道路，さらに地区内の道路から歩行者専用道路にいたる様々な道路を段階的に整理し，各々が役割分担をすることが大事である，ということを強調したのです（ブキャナンレポートでは，幹線分散路，地区分散路，局地分散路という言い方をしています）。さらに，それらの道路を外周道路とする「居住環境地区」を設定し，地区内への通過交通の流入を排除することも提案しています。

幹線分散路
地区分散路
局地分散路
居住環境地域境界線

図 4.1　道路の段階構成と機能[1]

　ブキャナンレポートは，さらに，道路ネットワークの配置方針についてもきわめて重要な提案を行いました。道路ネットワークを考える際に，居住環境を守るべきエリアを指定して，それを考慮したネットワークを構築する，というものなのですが，これについては，5.3（213ページ）であらためて触れます。

　さて，本章の主題である「将来予測に基づいて道路を計画」する場合，対象とするのは，通常，自動車専用道路や，幹線道路および補助幹線道路といった幹線的な道路のみとなります。地区道路は，基本的には通過交通を通すべき道路ではない，という考え方にたち，予測された自動車交通量が，幹線的な道路のみでさばけるかどうかを確認するためです。

　その幹線的道路をどのように配置するかは，その都市の規模や地形などによって様々なパターンがあります（図4.2）。

パターン名	特徴	
ラダー型	平行する幹線系道路を何箇所かで横に結んではしご状にするパターン。細長い都市や，幹線道路が通過する中小都市などに多い。	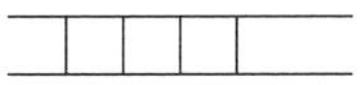
グリッド型	格子状の道路網。古来，計画的に成立した都市の多くで採用されてきた。明快な市街地が形成できる。一方，中心がわかりにくいことや，どの道にも通過交通が入り込む可能性があることなどの課題もある。	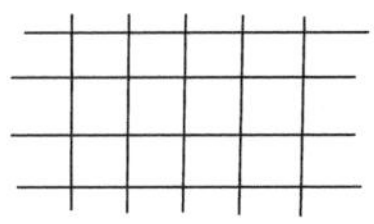
放射型	自然発生的に成立した都市に多く見られるパターン。すべての道が，中心部の1点に集中している。都市規模が大きくなり交通量が増えてくると，中心部が必然的に渋滞を起こしやすくなる。	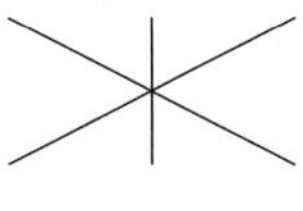
放射環状型	放射型道路網の混雑緩和に欠かせないのが環状道路であり，都心部に用事のない交通は環状道路を使って都心部を迂回できる。大都市では，2重，3重の環状道路を設けるのが普通である。	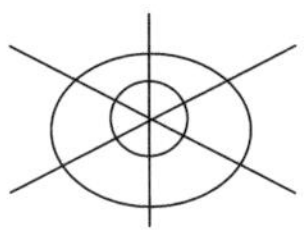

図4.2　幹線道路の配置パターン

幹線道路網のパターンが都市の骨格を決定付けることに留意しつつ，混雑を起こさないパターンにすることが必要です。道路の本数などの具体的な内容については，後述するように交通需要予測の結果を踏まえながら決定していくことになります。

4.1.2　道路の種級区分──道路構造令

次に，自動車専用道路，幹線道路，補助幹線道路，……という分類とは異なる呼び方の道路分類の仕方について紹介します。道路構造令に基づく分類です。

道路構造令とは，道路法に基づく政令であり，「道路を新設し，又は改築する場合における道路の構造の一般的技術的基準」です。これまでずっと，わが国で道路を整備する場合に拠り所となってきたものです。

道路構造令では，道路を種級という考え方で分類しています。

まず，「種」については，表4.1に示すように，「高速自動車国道及び自動車専用道路」か「その他の道路」か，および地域が「地方部」か「都市部」かによって，4通りの分類となっています。地方部では，長距離を移動する車両をなるべく高速で流すことを目指すのに対し，市街地が密集し地価も高い都市部では，多少速度を抑えてでもなんとか交通をさばけるようにします。例えば，都市間を結ぶ東名高速道路や関越自動車道は第1種ですが，都市内高速道路である首都高速道路は第2種となっています。

表 4.1　道路の種別

区分 ＼ 道路の存する地域	地方部	都市部
高速自動車国道および自動車専用道路	第1種	第2種
その他の道路	第3種	第4種

各「種」ごとに，計画交通量（台／日：交通需要予測で求められた将来の交通量）や，地形などを考慮して，「級」が定められます。そして，「種」と「級」を組み合わせて道路が分類されるのです。「1種1級」，「4種4級」といった表現が，道路の専門家の間で日常的に使われています。重要なのは，種級

表 4.2 道路の種級区分の体系[5]

地域		種別	級別	設計速度(km/h)	出入制限	計画交通量（台/日） 30 000以上	30 000~20 000	20 000~10 000	10 000未満	摘　要
高速自動車国道および自動車専用道路	地方部	第1種	第1級	120　100	F	高速・平地				
			第2級	100　80	F·P	高速・山地	高速・平地			
						専用・平地				
			第3級	80　60	F·P		高速・山地		高速・平地	
						専用・山地		専用・平地		
			第4級	60　50	F·P			高速・山地	高速・山地	高速の設計速度は60のみ
									専用・山地	
	都市部	第2種	第1級	80　60	F	高速，専用				専用は大都市の都心部以外
			第2級	60 / 50 40	F	専用，都心				

地域		種別	級別	設計速度(km/h)	出入制限	計画交通量（台/日） 20 000以上	20 000~10 000	10 000~4 000	4 000~1 500	1 500~500	500未満	摘　要
その他の道路	地方部	第3種	第1級	80　60	P·N	国道・平地						
			第2級	60 / 50 40	N	国道・山地	国道・平地					
						県道，市道・平地						
			第3級	60 50 40 / 30	N		国道・山地	県道・平地				
						県道，市道・山地		市道・平地				
			第4級	50 40 30 / 20	N			市道・山地	国道，県道・平地	市道 平地 山地		
			第5級	40 30 20 / —	N						市 平地 / 道 山地	一車線道路
	都市部	第4種	第1級	60 / 50 40	P·N		国道					
							県道，市道					
			第2級	60 50 40 / 30	N				県道,市道	国道		
			第3級	50 40 30 / 20	N					県道		
										市道		
			第4級	40 30 20 / —	N						市道	一車線道路

注）1 表中の用語の意味は，次の通りである。
　　　高速：高速自動車国道　専用：高速自動車国道以外の自動車専用道路
　　　国道：一般国道　　　県道：都道府県道　　　　市道：市町村道
　　　平地：平地部　　　　山地：山地部　　　　　　都心：大都市の都心部
　　　F：完全出入制限　　　P：部分出入制限　　　N：出入制限なし
　　2 設計速度の右欄の値は地形その他の状況によりやむを得ない場合に適用する。
　　3 地形その他の状況によりやむを得ない場合には，級別は1級下の級を適用することができる。

1種1級（関越自動車道）

写真 4.1

2種2級（首都高）

写真 4.2

4種1級

写真 4.3

4種4級

写真 4.4

によって設計速度（道路設計の前提となる速度）が決まり（表4.2），さらにそれによって，車線幅や路肩幅などの道路設計要素が決められる点です（4.4節参照）。ここでは，種級によって道路の姿が大きく異なることを理解しておきましょう。写真を見てください。同じ高速道路でも，1種は路肩が広く，カーブも緩やかです。市街地を縫って走るためカーブがきつい2種との違いは明らかです。都市の一般道路である4種についてみると，幹線道路の4種1級と，いわゆる生活道路と呼ばれる4種4級との違いは明らかです。

　なお，地方分権の流れを受け，2011年の法改正により，都道府県道および市町村道については，道路構造条例を各自治体が定めることとなりました。ただし，道路の安全性と円滑性を担保するため，設計車両，建築限界，及び橋や高

架道路の荷重条件については従来通り道路構造令に従うこととなっています。

4.2　将来交通需要予測と道路計画プロセス

4.2.1　道路計画と設計基準交通量

(1)　K値—「時間」と「日」の橋渡し

道路計画の基本は，計画交通量と道路の交通容量を比較することです。その結果，必要な車線数が求められます。

比較にあたって重要なのが，時間の単位です。

計画交通量は，第3章で学んだように，パーソントリップ調査等に基づいて予測された日交通量なので，単位は，〔台/日〕となります。一方，道路の交通容量は，第2章で学んだように，〔台/時〕の単位で議論されます。

そこで，計画交通量と道路の交通容量の比較のために，「年平均日交通量」である計画交通量から，平均的な日のほぼピーク時に相当する時間の交通量として，設計時間交通量を求めることが必要となります。換算に用いられるのが，K値と呼ばれる値であり，計画交通量とK値によって，道路設計の基本となる交通量である設計時間交通量（台/時）が，次のように求められます。

$$2車線道路：設計時間交通量 = 計画交通量〔台/日〕× K/100$$
$$〔台/時〕 \qquad （両方向合計）（4.1）$$

$$多車線道路：設計時間交通量 = 計画交通量〔台/日〕× K/100 × D/100$$
$$〔台/時〕 \qquad （重方向）\qquad （4.2）$$

式4.2のD値とは，両方向合計交通量に対する重方向すなわち交通量の多い方向の交通量がしめる割合（%）です。

K値は，通常7〜15%程度の値をとります。このK値（多車線道路の場合はD値も）を使って，日交通量の計画交通量（台/日）を時間交通量の設計時間交通量（台/時）に換算し，設計交通容量（台/時）と比較して必要な車線数を決める，というのが，「理論上の」道路計画のプロセスになります。

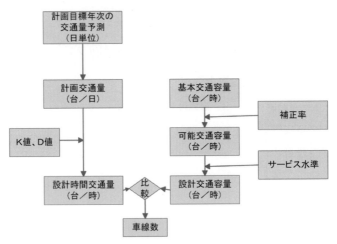

図 **4.3**　「理論上の」車線数決定プロセス

4.2.2　設計基準交通量と車線数決定プロセス

　車線数を求めるための考え方は以上で説明したとおりなのですが，実務上どうしているかというと，同じ考えに基づきつつ，実は日単位にそろえる方法が採用されています。

　その方法とは，設計基準交通量（台/日）を用いる方法です。設計基準交通量とは，設計交通容量（台/時）（46ページ参照）を，計画交通量と比較できるように日交通量に拡大するものであり，式としては，式（4.3），（4.4）を用います。この式は，いわば，（4.1），（4.2）の裏返しの関係といえます。ただし，以下に述べる方法で往復合計の車線数を求めるために，多車線道路の場合には2で除して方向別の値とします。

　　2車線道路：設計基準交通量＝設計交通容量〔台/時〕/（K/100）

　　　　　　　　〔台/日〕　　　　　　　　　　　（両方向合計）（4.3）

　　多車線道路：設計基準交通量＝設計交通容量〔台/時〕/（K/100× D/100）÷2

　　　　　　　　〔台/日〕　　　　　　　　　　　（重方向）　　（4.4）

　さらに，ここで用いるK値やD値の将来値の推定が困難であることから，実務上は，標準的なK値とD値を用い，さらに設計交通容量についても標準的な道路構造や交通条件を想定した値を用いて求めた標準的な設計基準交通量（表4.3）が用いられています。要するに，この設計基準交通量（台/日）を検討の基盤におくために，実務上，日単位にあわせた比較検討を行うのです。

　さて，具体的な道路計画のプロセスは以下のとおりです。

　設計基準交通量は，2車線の場合は2車線合計，多車線の場合は1車線あたりの値として与えられます。そして，この設計基準交通量と計画交通量との比較により，次の手順で車線数を決定します。

　①　まず，2車線の欄を見て，該当する種級の設計基準交通量と計画交通量

表 4.3　実務で用いられている設計基準交通量

種別	地形	級別	設計基準交通量 （台／日）
多車線(1車線あたり)			
第1種	平地	第1級	12 000
		第2級	12 000
		第3級	11 000
		第4級	11 000
	山地	第2級	9 000
		第3級	8 000
		第4級	8 000
第2種	都市部	第1級	18 000
		第2級	17 000
第3種	平地	第1級	11 000
		第2級	9 000
		第3級	8 000
	山地	第2級	7 000
		第3級	6 000
		第4級	5 000
第4種	都市部	第1級	12 000
		第2級	10 000
		第3級	10 000
2車線 (2車線あたり)			
第1種	平地	第2級	14 000
		第3級	14 000
		第4級	13 000
	山地	第3級	10 000
		第4級	9 000
第3種	平地	第2級	9 000
		第3級	8 000
		第4級	8 000
	山地	第3級	6 000
		第4級	6 000
第4種	都市部	第1級	12 000
		第2級	10 000
		第3級	9 000

を比較し，計画交通量のほうが下回っている場合は2車線とします。

②　計画交通量のほうが上回っている場合は，多車線の欄を参照します。そして，計画交通量を設計基準交通量で除した値を「車線数」とします。いうまでもなく，車線数は整数でなければなりませんが，さらに，一般的に車線数は偶数ですので，4車線，6車線などの値に，原則として切り上げて答えを求めます。

　例えば，4種1級の道路で計画交通量が1日40,000台の場合を考えます。まず，2車線の欄を見ると，設計基準交通量は12,000台/日なので2車線ではまかないきれません。そこで多車線の欄を見ると，1車線あたり同じく12,000台/日なので，計画交通量を設計基準交通量で割った値は約3.3となります。従って，これを切り上げて，必要な車線数は4車線となります。

　いま，車線数は，偶数（2または4または6など）になる，と述べましたが，上の検討の結果，「車線数0」すなわち道路を作らない，という判断に至

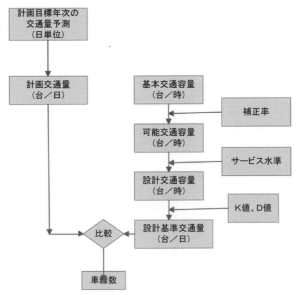

図4.4　「実務上の」車線数決定プロセス

ることはあるのでしょうか？

実は，第3章で学んだ交通量配分予測の性格から，予測のための道路ネットワークに組み込まれると，結果としていくばくかの交通量が流れる，という結果になりやすく，「交通量0台」とはほぼなりませんので，機械的に計算すると，ネットワークに組み込んだ段階で，「2車線」以上になってしまいます。ただ，交通量配分の結果，交通量がきわめて少ない，という結果が出ることはありえます。

実際の道路網計画の検討では，まずは都市の将来像を実現する視点などからネットワーク案を作成します。その際，ベテランのプランナーは，交通量の流れを事前に想定して道路を加えたり，除いたり，車線数を事前設定したりします。そして，交通量配分の結果，交通量が少なくて，除いても影響のなさそうな道路であれば，その道路を除いた上で再度配分計算を行い，周辺道路が「もつ」（混雑しない）ようであれば，その道路を作らないという判断をします。

車線数を含めて将来の道路ネットワークを適切かつ効率的に計画するためには，プランナーの知識と経験が深く問われることになるのです。

4.3　計画の決定

4.3.1　プランから計画へ

ここまで，将来需要予測に基づいて道路ネットワークを計画して個々の路線の車線数を求める手順を説明してきました。この手順が「道路計画」の策定手順にほかなりません。

ただ，この段階の「計画」は，厳密にはまだ「プラン」とも言うべきものであり，法的な位置づけが与えられているわけではありません。『「計画」と「プラン」は同じじゃないか』，といわれるかもしれません。確かに計画を英語で言うとプラン，ということにはなるのですが，日本の道路行政では，両者には法的位置づけの有無という厳然たる違いがあり，明確に使い分けられています。各自治体等でも，この段階のものを，「道路マスタープラン」，「道路整備プラン」などと呼ぶことが多いのです。

　ここでいう法律とは，都市計画法のことです。「道路プラン」は，都市計画法による都市計画決定の手続きを経て，はじめて「道路計画」となります。このことの意味は非常に大きく，たとえそこに人が住んでいたとしても，道路用地として都市計画決定されると，将来，そこは道路になることが約束されたことになり，住んでいる人はやがて立ち退くことになるなどの制限を受けることになります。

　この節では，将来需要予測などのスタディの結果としての「プラン」から，法定の「計画」になるまでの手続きを学ぶことにしましょう。ただ，そのためには，まず，法定の都市計画について知らなければなりません。まず，ごく簡単ではありますが，都市計画法について解説しておきます。

（なお，住宅地の区画道路や山間部の道路など，都市計画決定を伴わない道路も多くありますが，ここでは，ほぼ例外なく都市計画決定を行う都市の幹線道路について考えていきます）。

4.3.2　都市計画とは

　わが国の都市計画は，都市計画法という法律に基づいて実現されることになります。都市計画法では，「都市計画は，農林漁業との健全な調和を図りつつ，健康で文化的な都市生活及び機能的な都市活動を確保すべきこと並びにこのためには適正な制限のもとに土地の合理的な利用が図られるべきことを基本理念として（第二条）」定めることとされています。そしてまず，一体的な「都市」とみなされる範囲を都市計画区域として，その中で都市計画を体系的に行っていくことになります。大都市やその周辺では，ひとつの市がそのままひとつの都市計画区域になっているケースが多く見られます。

　都市計画法に基づくわが国の都市計画は，大きく分けて次の3つの柱からなっています。

(1)　土地利用コントロール

　当該区域の将来の土地利用のいわばマスタープランを描いた上で，土地利用の規制・誘導を行うものです。まず，多くの都市計画区域では，線引きと呼ばれる区域区分により，適正な市街化を促進する「市街化区域」と，市街化を抑

制する「市街化調整区域」に区分します（地方都市では，この線引きを行わない未線引きとする場合もあります）。その上で，市街化区域において，色塗りと呼ばれる地域地区の指定が行われます（未線引きの場合でも都市的な場所では色塗りが行われる場合があります）。地域地区は，第1種低層住居専用地域，商業地域，など13種類の用途地域が基本になります。各用途地域ごとに，建築できる用途が制限されるとともに，建ぺい率や容積率などの形態規制が行われます。建ぺい率とは，敷地面積に対する建築面積の割合であり，市街地の密度をコントロールしようとするものです。容積率は，建築物の延べ面積の敷地面積に対する割合であり，ある敷地に建築できる床面積の合計，すなわち階数を規制するものです。これは交通と強い関係があります。建物に発着する交通需要，特に自動車の需要が床面積と正の相関があるため，周辺道路網の容量とのバランスをとるという意味で，容積率によるコントロールが有効であるためです。なお，各用途地域は，商業系は赤系，住宅系は緑系など，決まった色で都市計画図で表現されるため，色塗り，と通称されているのです。

　用途地域だけではきめ細かい土地利用コントロールが困難なため，高度地区，防火地域，伝統的建造物群保存地区など，様々な地域地区が用意されており，地域の実情にあわせて適用されます。さらに，より詳細な規制を行う必要がある場合には，地区計画等の制度を活用します。

(2) 都市施設

　都市施設というのは，「都市にある施設」といった一般的な概念ではなく，都市計画法に明確に定められた11種類の施設を指します。交通施設，公園，水道，下水道，河川，学校等の都市施設は，都市に不可欠な施設として都市計画の対象となります（ただし，全てを都市計画として定める必要はありません）。

　道路，都市高速鉄道，駐車場，自動車ターミナル等の交通施設，とりわけ幹線道路については，ほとんどが都市計画の対象となるため，都市計画法に基づく手続きを経てはじめて法的な計画となるわけです。

(3) 市街地開発事業

　土地区画整理事業，市街地再開発事業などが広く知られていますが，市街地

開発事業は，これらの総称であり，市街地の一定のエリアを対象とする整備を
都市計画として定め，かつ事業を行うものです。土地利用コントロールが民間
等の開発を規制・誘導するものであったのに対し，積極的に事業を行う点が異
なっています。また，都市施設がそれぞれ単体の取り組みであるのに対し，宅
地や道路，公園など総合的な事業である点も市街地開発事業の特徴です。

　わが国の都市計画は，この3つの柱を組み合わせて運用されています。

表 4.4　法定都市計画の内容

土地利用コントロール	線引き：市街化区域，市街化調整区域／整備・開発・保全の方針 開発許可 地域地区：用途地域（第一種低層住居専用地域／第二種低層住居専用地域／第一種中高層住居専用地域／第二種中高層住居専用地域／第一種住居地域／第二種住居地域／準住居地域／田園住居地域／近隣商業地域／商業地域／準工業地域／工業地域／工業専用地域），特別用途地区，特定用途制限地域／高層住居誘導地区／高度地区／高度利用地区／特定街区／都市再生特別地区／防火地域・準防火地域／特定防災街区整備地区／景観地区・準景観地区（美観地区の廃止により新設）／風致地区／駐車場整備地区／臨港地区／歴史的風土特別保存地区／第1種歴史的風土保存地区・第2種歴史的風土保存地区／特別緑地保全地区／流通業務地区／生産緑地地区／伝統的建造物群保存地区／航空機騒音障害防止地区・航空機騒音障害防止特別地区 地区計画等
都市施設	・道路，都市高速鉄道，駐車場，自動車ターミナルその他の交通施設 ・公園，緑地，広場，墓園その他の公共空地 ・水道，電気供給施設，ガス供給施設，下水道，汚物処理場，ごみ焼却場その他の供給施設又は処理施設 ・河川，運河その他の水路 ・学校，図書館，研究施設その他の教育文化施設 ・病院，保育所その他の医療施設又は社会福祉施設 ・市場，と畜場又は火葬場 ・一団地の住宅施設（一団地における五十戸以上の集団住宅及びこれらに附帯する通路その他の施設をいう。） ・一団地の官公庁施設（一団地の国家機関又は地方公共団体の建築物及びこれらに附帯する通路その他の施設をいう。） ・流通業務団地 ・その他政令で定める施設
市街地開発事業	・土地区画整理事業 ・新住宅市街地開発事業 ・工業団地造成事業 ・市街地再開発事業 ・新都市基盤整備事業 ・住宅街区整備事業 ・防災街区整備事業

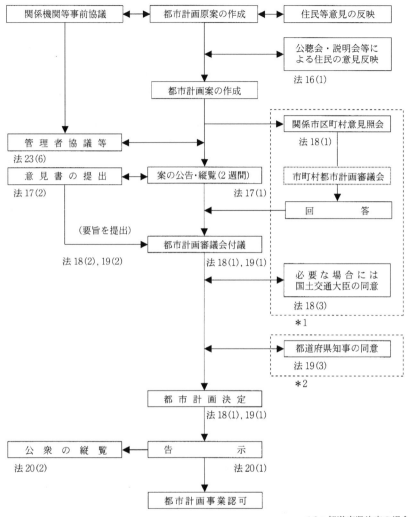

図 4.5　都市計画決定フロー図[3)]

法令記号：法1(2)…法第1条第2項

*1：都道府県決定の場合
*2：市町村決定の場合

4.3.3　都市施設としての道路計画の決定

(1)　都市計画決定までの流れ

　道路を都市計画決定するまでの手続きは図4.5に示すとおりです。ずいぶん大変な手続きだなあというのが第一印象だと思います。それも当然です。道路ネットワークは，その都市の将来を大きく左右するものであるとともに，道路用地となる土地の所有者の私権を大きく制約することになるからです。もちろん，私権を制限しなければ，計画どおりの道路ネットワークを作ることができなくなってしまいますのでやむをえないことではあるのですが，計s画策定にはそれだけの慎重さが求められるということでもあります。

　手続きを順番に見ていきましょう。まず最初に「都市計画原案の作成」を行います。これがまさに，プランとしての道路計画を作成する段階です。ここで作成するプランがその後の議論の基礎となるため，十二分な配慮をもって作成することが必要です。住民や関係機関の意見を踏まえることも必要です。例えば，パーソントリップ調査に基づく道路ネットワークプランを作成する過程で，パンフレットを発行して情報を提供したり，パブリックコメント制度など

図 4.6　パーソントリップ調査のリーフレット[4]

によって意見聴取したりすることが一般的になっています。いわゆる住民参加の手続きであり，後に続く都市計画の法的な手続きの中はもちろん，その前段階にあたるこの段階においても，住民参加がいまや不可欠といえます。

都市計画の原案を作成したあとは，法律に基づく手続きとなります。まず，原案に基づいて都市計画案を作成することになりますが，その際，必要に応じて公聴会や説明会を開いて住民等の意見を聞くことになります。

なお，都市計画決定には，都道府県が決定する場合と市町村が決定する場合があります。大規模で周辺地域への影響が大きいものが都道府県決定の対象です。地方分権の流れの中で，以前に比べて都市計画における市町村の比重が大きくなっています。

さて，都市計画案ができると，案が公表され（公告），住民がそれを閲覧することができるようになります（縦覧）。案について反対などの意見がある場合は，意見書を提出することになります。都道府県決定の場合，市町村から意見書が出される場合もあります。それらを踏まえ，都市計画審議会に都市計画案が諮問され，都市計画審議会はそれを慎重に審議したうえで，案を認める場合はその旨の答申を行うことになります。ここでの答申が，事実上，案の決定につながるため，審議会の答申はきわめて大きな意味を持っています。

答申後，市町村決定の場合は都道府県知事の同意を得た上で市町村が，都道府県決定の場合は国土交通大臣の同意を得た上で都道府県が，都市計画決定を行うことになります。そして，その告示が行われた日から，都市計画はその効力を生ずることになるのです。

なお，大規模で環境への影響が大きいと思われる事業については，都市計画の手続きと並行して環境影響評価（環境アセスメント）を行う必要があります。

⑵ 都市計画道路はどこにある？

都市計画決定された道路，つまり，現在すでに道路になっているか，将来道路となることが都市計画として決定された道路予定地は，都市計画図に記載されます。

　都市計画図とは，線引きや色塗りなどの土地利用規制や土地区画整理事業等の市街地整備事業の位置や内容を示すものであり，あわせて，道路等の都市施設についても位置や幅員が明示されています。

　また，道路の起点と終点，構造形式（地表式／嵩上げ式／地下式の区別），そして車線数といった詳細な決定内容は，「都市計画の図書」といわれる文書に明確に記載されています。

　都市計画図は，市役所の都市計画課などで誰でも買うことができます。値段は都市によってばらつきがありますが，数百円から千数百円ぐらいですので，ぜひ自分の住んでいる都市の都市計画図を買って，都市計画道路の位置などの都市計画の内容を確認してみてください。

4.3.4　都市計画道路と私権制限

　都市計画道路は，都市の骨格を形成するもので，将来の都市交通の基盤を担うものであり，きわめて重要な意味を持っています。しかも，ネットワークが形成されてはじめて機能を十全に果たせるという性格を持っています。そこで，都市計画決定された道路予定地については，計画の実現のために，住民の土地や建物に各種の制限を加えざるを得ません。欧米に比べて私権制限の仕組みが弱いといわれる日本でも，法定都市計画には私権制限の考え方が明確に盛り込まれているのも無理はありません。だからこそ，都市計画決定に至る手続きに，住民参加等の正当な手続きが不可欠なのです。

　都市計画実現のための私権制限を都市計画制限といいます。都市計画道路の場合，まず，都市計画決定された段階で，将来の円滑な事業実施のため，都市計画道路区域内において建築行為が原則として制限されます。この制限は，都市計画法の第53条に規定されていることから，専門家の間では「53条規制」といわれます。都市計画決定されてからすでに数十年たっている都市計画道路が全国に数多く存在しますが，この53条規制のために建築制限を受けているのです。

　また，いよいよ都市計画道路事業として道路を建設しようとする段階になると，市町村が施行する場合は都道府県知事から，都道府県が施行する場合は国

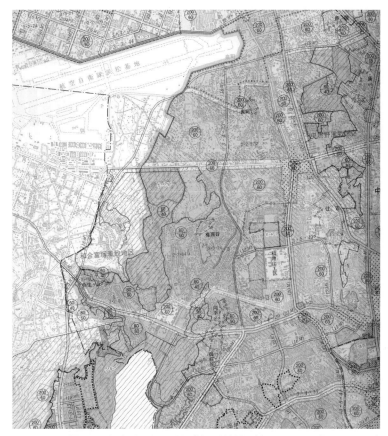

図 4.7　都市計画図の例（静岡県浜松市）1/25,000[5]
図の左側の白地の部分は市街化調整区域。図の右上から左下にかけて，図の右下
にある都心を中心とする環状道路として都市計画道路が計画されています。道路
等の都市施設は市街化調整区域の中にも計画されることがあります。

土交通大臣から事業認可を得る必要があります。そして，事業認可を取得した
あとは，間近に迫った事業実施を円滑に進めるため，建築制限だけでなく，
「移動の容易でない物件の設置」の制限などをふくめたさらに広範な制限がか
かります（第65条）。さらに，最後の手段として，立ち退きに同意が得られな
い土地の所有者から強制的に土地を取得する「土地収用」も可能になります

（第69条）。ただ，土地収用はあくまでも最後の手段であり，そこに至る前に，施行者と住民との間で議論を尽くす必要があります。また，やむを得ず収用に至った場合でも，土地所有者に対する正当な補償がなされることになっています。

　以上のように，道路を計画して事業化するまでの間には，多大の労力と時間，そして何より住民の理解・協力が欠かせません。それらがあって，はじめて都市の基盤としての道路ネットワークが形成されることになるのです。

4.3.5　都市計画道路の見直し

　都市計画道路は，地元住民の理解を得るために多大の時間を要することや，事業費も多額に上ることから，都市計画決定後，数年から数十年の間事業が完了しないことが少なくありません。現在，全国の都市計画道路整備率は60数％にすぎません。

　ところが，長い間事業化されない間に地域の状況が変わるなど，決定済みの都市計画道路の妥当性に疑問符がつく場合が出てきました。そのような，長期未整備路線等を対象として，時代に即した計画の見直しが行われるようになっています。特に，第1章で述べたようにわが国の人口が今後減少することが見込まれることから，都市計画道路見直しの機会は今後さらに増えるものと思われます。

　ただ，実際の見直し作業はそれほど容易ではありません。特に，53条規制によって建築行為を長年にわたって制限されてきた土地所有者からは，「ほんとうはマンションを建てたかったのに道路予定地であるからそれができなかった。今になって道路予定地を外すのであれば補償してほしい」といった訴えが出てくる可能性があるのです。

　これは大変難しい問題ですが，必要性のない道路や事業見込みのない道路をそのまま都市計画道路としておくのは，やはり好ましいとはいえません。今後，各地で様々な検討や工夫が行われていくものと思います。

　図4.8は，埼玉県川越市で都市計画道路の見直しが行われた例を紹介しています。川越市では，1962年に都市計画道路の全面的見直しが行われ，そのとき

に，蔵造りで有名な一番街と呼ばれる県道が幅員20mに都市計画決定されました。もしこの計画どおりに道路が建設されれば，道路片側の蔵は，ことごとく取り壊されるところでした。ところが，1970年代ごろから蔵造りの歴史的価値が徐々に認識されてきたことから，1999年に埼玉県都市計画の見直しが行わ

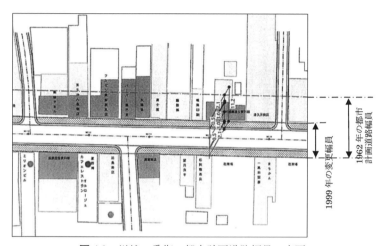

図 4.8　川越一番街の都市計画道路幅員の変更

写真 4.5　川越一番街の街並み

れ，この道路の計画幅員が，一番街の部分に限って幅員11mというほぼ既存幅員に縮小されたのです。また同時に，一番街周辺が重要伝統的建造物群保存地区に指定され，蔵造りの街並みが保存されることになりました。

　この見直しにあたって，道路ネットワークの観点から大きな議論が起こりました。1962年当時の道路構造令では，幅員20mは4車線の幹線道路であることを意味します。蔵造りの保全はよいが，一方で，（当時の）将来予測に基づいて4車線が必要とされたはずの道路を11m幅の2車線道路に縮小してしまえば，道路ネットワークが破綻してしまうのではないか，ということが危惧されたのでした。

　この点について，関係者の間で真剣な議論が繰り返されました。そして，1989年に計画が決定された環状道路が整備されれば，道路ネットワークが破綻しないことが分析の結果明らかになったことから，その早期整備を図りながら，一番街の幅員縮小を行うことになったのでした。

　ここで，都市計画道路の見直しに関連して，「都市計画」と「交通工学」の関連が今後深まると思われることについて指摘しておきたいと思います。20年後の将来を見据えた都市計画と，短期施策を主に扱う交通工学とは，従来はあまり強い関係がありませんでした。ただ，都市計画道路の見直しを議論する際に，これまで以上に交通工学の知見や手法が必要になると考えられるのです。例えば，2車線の道路を4車線に拡幅する，という都市計画決定について，需要の減少などを理由に拡幅を止めるという見直しを行うときに，「確かに日交通量としては2車線でまかなえそうだが，朝夕に右折する交通が多いので，せめて交差点に右折レーンを設置する必要性は高い」といった議論が出てくる可能性があります。その場合，交通シミュレーションなどの交通工学の手法を使いながら，右折レーンの必要性やその長さを検討し，それを担保した形での見直しを行う，といった結論になることが少なくないと思われるのです。交通工学の新しい役割として今後注目されるかもしれません。

4.3.6　交通計画と都市計画

　ここで，あらためて，交通計画と都市計画との関係についてまとめておきま

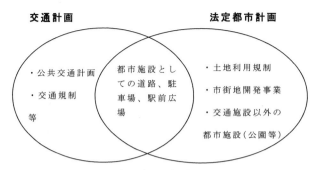

図 4.10 交通計画と都市計画の関係

しょう。ごく一般的にいえば、「交通計画は、都市計画の様々な分野のひとつ」ということになるのですが、これまで学んできたように、交通計画と法定都市計画との間には、「道路等の交通施設は、都市計画の3つの柱のひとつである都市施設である」という法的に厳密な関係が存在するのです。すなわち、交通計画の一部である道路（特に都市の幹線道路）のプランは、都市計画決定されることによって、はじめて法的に「計画」といえる道路計画になることができるのでした。

このことを別の角度から見ると、交通計画実現への複雑さ・難しさを意味しているともいえます。交通計画は、道路だけでなく、公共交通や交通規制などを総合的に勘案した総合交通計画であることが重要であると先に述べましたが、「法定都市計画の一部である道路計画」とそれ以外の部門の間には、「法的都市計画の対象となるか否か」という絶対的な相違が存在するのです。

このことを、計画を策定する主体、例えば市長の立場からみると、決定権限に限界が存在することを意味することになります。すなわち、市長自らの責任で法的な位置づけを与えられるのは道路計画等の交通施設のみであり、民間企業の経営判断に左右される公共交通や、公安委員会（警察）が所管する交通規制など、市長の権限が及ばない部門が「市の総合交通計画（プラン）」に含まれることになるのです。従って、総合交通計画（プラン）の策定時においても、またその遂行時においても、これらの関係主体と市役所の綿密な連携が不

表4.5　道路機能の分類

交通機能	自動車	通行機能 アクセス機能 滞留機能
	歩行者 自転車	通行機能 アクセス機能 滞留機能
空間機能	市街地形成機能 防災空間機能 環境空間機能 収容空間機能 滞在活動機能	

可欠となるのです。このあたりが，担当の行政マンや，事業を受託したコンサルタントの腕の見せ所といえます。

4.4　道路の設計

4.4.1　道路の役割と機能

(1)　道路の機能

　一般に道路の機能には交通機能と空間機能があるとされます。表4.5は道路の様々な機能を示したものです。本来的に道路は陸上を移動する動物であるヒトの交通の場ですから，交通機能を持つことは当然です。しかし同時に道路は，国土や都市の骨格を形成する貴重な公共の空間を創出しています。こうした公共の空間機能として，都市の骨格形成や沿道立地の促進などの市街地形成，延焼防止などのための防災空間，緑化や景観形成，沿道環境保全のための環境空間，交通施設やライフライン（水道，下水道，ガス，電気，さらには最近では光ファイバなど情報通信網も含まれるでしょう）などの収容空間など，多彩な機能を持っているのです。さらに，2020年5月の道路法改正によって創出された「歩行者利便増進道路（通称"ほこみち"）により，道路上での憩いや飲食といった様々な活動の場が創出できることとなり，空間機能のひとつとして滞在活動機能が新たに加わることになりました。

(2)　道路の交通機能と道路設計

　道路の交通機能に着目すると，道路により提供される機能は自動車（自動二

輪車も含みます), 自転車, 歩行者といった交通主体別に違ってきます。例えば自動車を考えた場合, 自動車が安全・円滑・快適に通行できるという通行機能, 沿道施設に容易に出入りできるというアクセス機能, 駐車や停車などの滞留機能という3つの交通機能があると考えられます。同じように, 自転車に対する通行機能, アクセス機能, 滞留機能, 歩行者に対する通行・アクセス・滞留機能が, 様々な道路のタイプによって提供されることになります。

例えば高速自動車国道と自動車専用道路 (第1種, 第2種) は, 自動車の通行機能に特化し, アクセス機能をインターチェンジのみに大きく制限した道路です。都市内の主要幹線街路では, 自動車や自転車の通行機能を重視しつつ, ある程度のアクセス機能を認めますが, 路上駐車は原則として排除すべきで滞留機能はきわめて限定され, この道路は歩行者に対して, 歩道によって通行機能は提供しますが必ずしも快適な歩行空間とは限りません。また反対側の施設に歩行者がアクセスするには限定された横断歩道などを利用する必要があり, 歩行者のアクセス機能も限定されるといえるでしょう。歩行者の滞留にも不向きです。一方, 細街路の生活道路になると, 自動車の通行, アクセス, 滞留の機能はいずれも住民や来客の車, 配送やごみ収集車など, 一部の自動車のみにきわめて限定されます。自転車についても高速で通行する機能は持ちません。歩行者に対する通行機能やアクセス機能が主たる目的となり, あるいは立ち話やら子供の遊び場など滞留機能にも大きな意味を持つことで, 地域の生活環境の基礎となるのです。道路を設計するにあたっては, こうした交通主体別の交通機能を勘案して, 道路の階層や格に応じた適切な設計を考えることが重要です。

4.4.2 道路設計の基礎

ここでは主に日本の道路構造令で定められている道路の設計, そのうち特に交通機能に関連する幾何構造の設計に関する考え方[2]を中心に紹介します。なお, 特に都市街路においては, 自動車だけでなく, 自転車や歩行者も含めた様々な交通機能を総合的に考慮する必要があります。従って, 例えば歩行者の交通機能を最大限発揮するために, 敢えて自動車の走行速度を抑制するような

道路構造的対応も必要です。異なる目的に応じた幅員構成，隣接する民地との機能の共有や分担，曜日時間帯や用途に応じた柔軟な使い方を許容する方法など，道路設計の考え方の再構成はまだ今後の課題が山積です。

　4.4.2項では，自動車の通行機能に特化した伝統的な道路設計の考え方を説明します。4.5節では，歩行者と自転車の通行機能確保のために，近年我が国で推進されている道路設計の考え方を紹介します。4.6節では，都市街路における多様な利用者の交通機能の観点から，いくつかの設計上のヒントを示します。

(1) 設計条件

　歩行者の交通機能にほぼ特化したような生活道路などを除けば，ほとんどの道路は安全かつ円滑な自動車交通を実現するように設計されることが第一の目的となります。そのため，まず自動車をどの程度の速さで走行することを想定するのかを道路設計の前提条件として決めておく必要があります。これを設計速度といいます。道路種級区分ごとに設計速度がそれぞれ定められており，格が高い道路ほど高い設計速度となります。第1種は120〜60km/時，第2種は80〜60km/時，第3種は80〜20km/時，第4種は60〜20km/時の範囲で，それぞれ級ごとに設計速度が道路構造令で定められています。また一部の種級では，一般原則の設計速度のほかに，地形条件などやむを得ない場合に1ランク遅い設計速度を採用することも認められています。

　設計速度が定められる道路区間は，ある程度の長さを持っていなければこれを定める意味があまりありません。例えば設計速度60km/時であれば，この速度で安全，快適に走行できるように設計された区間がある程度連続して続くことによって初めてドライバーはこの速度で走行できることになります。こうした設計速度が継続的に維持される区間を設計区間といいます。道路の幾何構造設計は，同じ設計速度に対して同じ基準で設計されます。

　道路の幅やカーブ半径などを考える場合，設計上想定している車両の大きさもあらかじめ決めておく必要があります。これを設計車両といいます。道路構造令では設計車両として旧来から小型自動車，普通自動車，セミトレーラ連結

車の３車種がありましたが，2004年の政令改正により「小型自動車等」という規格が新たに定められました。これは乗用車の大きさを想定している「小型車」（長さ4.7m，幅1.7m，高さ２ｍなど）よりさらに少し大きな救急車などを含めたもので，この小型自動車等までの大きさの車に限定して通行できるように設計する「小型道路」なる新たな道路の規格のために提案された設計車両です。

　小型道路では通常の普通道路と違って，比較的大きな普通自動車やセミトレーラは通行しませんので，例えばトンネルの壁や天井など道路の左右や上空の構造物が比較的路面に近くてもよい設計が可能になります。こうした道路上空や周辺に構造物が存在してもいい限度のことを建築限界といいます。また小型道路では橋梁の耐荷力も大幅に軽減できるので，小型道路は普通道路よりかなり安価に作ることができます。

(2) 設計速度と主な設計要素基準

　ある設計区間の設計速度に応じて，道路幾何構造に関する様々な設計要素の基準値が決まってきます。表4.6は，主な設計要素を一覧表に整理したものです。これらの基準には，この基準値を限界値として必ず守らなければならないもの，一般原則として採用すべき値であるもの，設計上の目安として標準値を示しているもの，など基準の意味に実は強弱が存在します。例えば曲線半径は，これ以上小さくすると設計速度で安全，快適な走行が保障できなくなりますので，限界値として必ず守る必要がありますが，縦断勾配の最大値は重たい設計車両であっても対象の設計速度に対して概ね1/2以上の速度で走行できるような目安を意味するものにすぎません。

　道路は，幾何構造としてきわめて細長い施設です。この幾何学的な形状については，一般に横断方向と縦断方向とに分けて考えます。横断面構成としては，車道（車線や停車帯を含む）と中央帯，路肩，歩道，自転車道，軌道敷などに分類されます。こうした横断面構成について，道路種級別，あるいは設計速度別に基準が定められています。また縦断方向の形状は道路線形と呼ばれます。

表 4.6　設計速度と主な設計要素基準

設計速度 km/h	曲線半径最小値[m] 標準最小値	特例最小値	片勾配付さない場合	凸型曲線	最小緩和区間長 [m]	最大縦断勾配 [%]	縦断曲線半径最小値[m] 凹型曲線	凸型曲線	最小縦断曲線長 [m]	最大合成勾配 [%]	最小停止視距 [m]	*最小追越視距 [m]
120	710	570	－ －	1400/θ	100	2	11,000	4,000	100	10.0	210	－ －
100	460	380	－ －	1200/θ	85	3	6,500	3,000	85	10.0	160	500
80	280	230	－ －	1000/θ	70	4	3,000	2,000	70	10.5	110	350
60	150	120	220	700/θ	50	5	1,400	1,000	50	10.5	75	250
50	100	80	150	600/θ	40	6	800	700	40	11.5	55	200
40	60	50	100	500/θ	35	7	450	450	35	11.5	40	150
30	30	－ －	55	350/θ	25	8	250	250	25	11.5	30	100
20	15	－ －	25	280/θ	20	9	100	100	20	11.5	20	70

(注) θ：道路交角[度]（ただし7度未満の場合のみ）
*印は道路構造令に関する参考値、また最大縦断勾配は普通道路における標準最大値

(3)　道路線形

　道路横断面の中心点を道路縦断方向に連続したものを道路中心線といいます。この道路中心線が3次元的に描く幾何形状を道路線形といいます。道路線形を上空から見て水平面に投影したもの，すなわち地図上に描かれる道路線形を平面線形といいます。図4.11はこの平面線形を表す概略図の例です。平面線形図とはまさに地図上に描いた道路の平面線形を意味します。平面線形の図形は直線と円曲線と緩和曲線という3種類の図形からなります。円曲線の半径（R）の逆数を曲率（1/R）といいますが，直線は曲率＝0の曲線と考えることもできます。そこで，この曲率を縦軸にとり，横軸に平面線形に沿った道路延長距離を取って平面線形の状態を曲率の変化として定量的に示したものが曲率図です。

　一方，平面線形に沿った曲線上に垂直面を立てて作られる垂直曲面を考えると，実際の道路線形が3次元空間上で描く図形はこの垂直曲面内の図形になります。この垂直曲面をピンと引き伸ばして横から見たものを縦断線形といいます（道路をある垂直平面に射影したものではありません，念のため）。図4.12はこの縦断線形を表す概略図の例です。縦断図は，横軸に曲率図と同様に水平

方向の道路延長距離を取り，縦軸に道路面の標高を取ったもので，縦断線形の図形形状が描かれます。縦断線形の図形は直線と放物線の2種類からなります。縦断線形図（または勾配図）とは，縦断勾配（縦断図における縦断線形の図形の横軸に対する縦軸方向の変化率）を縦軸に取り，横軸は縦断図と共通に

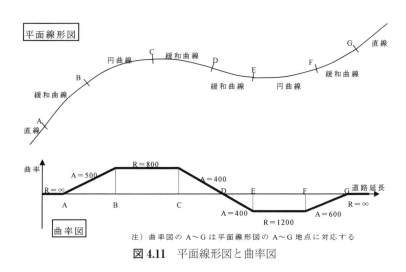

注）曲率図の A〜G は平面線形図の A〜G 地点に対応する

図 4.11 平面線形図と曲率図

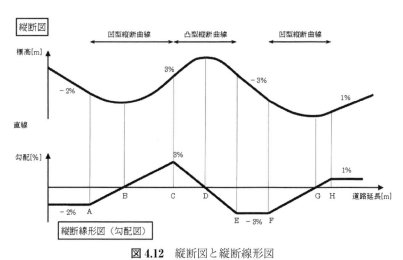

図 4.12 縦断図と縦断線形図

187

取って描いたものです。縦断勾配の値を定量的に示すことができます。

(5)　平面線形

　平面線形を構成する円曲線と緩和曲線を総称して平面曲線と呼びます。円曲線半径の最小値は，設計速度に応じた遠心力に対してタイヤと路面の横滑り最大摩擦力がバランスする限界で決まります。同じ設計速度で半径をこれ以上小さくすると，遠心力が大きくなりすぎて最大横滑り摩擦力を超過してしまい，車両はスピンしてしまうのです。実際に設計に用いている最大横滑り摩擦係数は，安全率を考慮してかなり低い値を用いており，0.10〜0.15程度です。これはほぼ凍結路面における摩擦係数に相当します。また，平面曲線部では原則として横断方向の曲率中心方向に向けて片勾配を6〜10%程度つけますので，その分だけきついカーブを採用できることになっています。表4.6に示す曲線半径の最小値には標準値，特例値，片勾配を付さない場合の値の3種類が示されています。このうち，特例値が上記の摩擦係数や片勾配を用いて計算したものに相当し，標準値はこれに安全率1.5倍を掛けたものになっています。

　道路の平面線形に用いられる緩和曲線は道路延長 L に比例して曲率（$1/R$）が変化する曲線であり，パラメータを A として $RL=A^2$ なる関係を満たす曲線となります。この曲線図形は数学的にクロソイドと呼ばれ，パラメータ A をクロソイドパラメータといいます。図4.11に示すように，これを用いて曲率ゼロの直線と一定曲率を持つ円曲線までの曲率変化を連続的にするのです。

　設計にあたって採用すべきクロソイドパラメータ A の値は道路構造令では定められていませんが，一般に接続する円半径 R〜$R/3$程度がよいとされています。また緩和曲線区間では，一定の速度（設計速度）でドライバーはハンドルを切っていくので，ハンドル操作に無理のない時間（3〜5秒）を考慮して最小緩和区間長を設計基準値として設定しています。

(6)　縦断線形

　上り坂の縦断勾配は，特に相対的にエンジン性能に対して最大積載時の重量が重くなる大型貨物車において，急すぎる勾配では速度低下を起こし，設計速度での走行は物理的に不可能になります。全車両が設計速度を維持できる勾配

とするのでは設計に使える勾配が実はあまりにも緩くなりすぎるので，表4.6の設計基準値は，最大積載時の普通自動車（トラック）が設計速度の1/2程度の速度で走行できる勾配として定められています。またこの基準値を超える縦断勾配であっても勾配区間長が短ければ大型貨物車の速度低下は設計速度の1/2程度までに抑えられますので，こうした特例値が勾配長とともに定められています。とはいえ，交通量が多くて大型車混入率が高いとこうした大型貨物車の速度低下の影響を乗用車なども大きく受けてしまうので，こうした場合には登坂車線を設置する必要があることも基準として定められています。

　縦断線形における放物線（縦断曲線）は，縦断勾配の変化する区間で用いられます。図4.12に示すように，上り坂から下り坂（急な上りから緩い上り，緩い下りから急な下りでもよい）に縦断勾配が変化する縦断曲線を凸型縦断曲線（またはクレスト），逆向きに縦断勾配が変化する縦断曲線を凹型縦断曲線（またはサグ）といいます。クレストの曲線があまり急だと見通しが効かなくなり安全上の問題がありますので，ある程度緩い曲線である必要があります。サグでは，あまり急だと不快な上下動（衝撃）を感じるので，ある程度の衝撃を緩和するような緩い曲線である必要があります。このように条件がクレストとサグでは異なるため，表4.6に示す基準値が凸型と凹型で異なっています。なお，縦断曲線は本来数学的には放物線の形状で設計されるものですが，極めて緩やかな曲線であるため，これを円弧で近似して，その近似円曲線半径によって設計基準値が表現されています。また平面線形における緩和曲線区間の場合と同じく，縦断曲線区間長の最小値についても基準が定められています。

　なお，平面曲線区間では横断方向に横断勾配を付けることが設計基準で定められているわけですが，一方でこの区間に縦断勾配があると横断方向と縦断方向の勾配が組み合わさった斜め方向に最も急な勾配が生じます。これを合成勾配といい，その限界最大値も表4.6に設定されています。

　(7)　視距（制動停止視距，追越視距）

　視距は，平面曲線半径と並んで安全上最も重要な道路線形設計基準です。すなわち，何か障害物を見つけて緊急停止できるためには，その障害物を十分に

s手前の場所から見えていなければいけないからです。車は急には止まれませんから。このように障害物を見つけて制動をかけて手前で停止できるために必要な距離を制動停止視距といいます。設計基準においては，車が走行している車線の中心線上にある高さ10cmの障害物を1.2mの高さのドライバの視点から見通せるだけの距離（車線中心線上で測った曲線距離，これを視距といいます）を確保するように，道路線形や側方余裕など視界を阻害する構造とならないように設計しなければいけないことが設計基準として示されています。確保すべき最小の制動停止視距は次式によって与えられます。

$$D=(V \cdot t)/3.6 + V^2/(2 \cdot g \cdot f \cdot (3.6)^2) \tag{4.5}$$

ここに，D：制動停止視距 ［m］

　　　　V：速度 ［km/時］

　　　　t：反応時間（2.5秒）＝判断時間（1.5秒）＋反動時間（1.0秒）

　　　　g：重力の加速度 ［m/秒²］

　　　　f：縦すべり摩擦係数（0.29〜0.44）

確保しなければ行けない最小の制動停止視距をこの式を用いて計算して，定められた設計基準が表4.6に示されています。なお複雑な3次元図形で表される道路線形や幾何構造を設計した結果，その道路条件において視距が基準を下回ることがない，ということを確認することは必ずしも簡単ではありません。与えられた道路線形などの条件から実現される視距を厳密に計算する手法も提案されてはいますが[6]，実際の実務では，平面線形と側方障害物の条件を設計図面上で目視により確認し，十分な余裕を取るようにしています。

　なお，往復2車線道路においては対向車線を使って追い越しをしなければならないため，対向車が来ていないことを見通せなければ追い越しができないことになります。安全に追い越しをするためにこの対向車を見通す必要最小距離を追越視距といいます。必要な最小追越視距は，追越しを開始してから追越しを終了してもとの車線に戻るまでに進む距離に，対向車がこの間に進む距離を加えたものとなります。一般に追越視距は制動停止視距よりかなり大きな値と

190

なりますので，対象とする設計区間の全てでこれを確保することは現実的ではありません。そのため追越視距の確保は必須項目ではなく，表4.6においても参考値として示しています。しかし，適度な間隔で追越視距が確保されるように道路線形や見通しを設計しないと，逆に視距が不足しているにもかかわらず無理な追い越しをするドライバーが出てきます。従って，追越視距についても十分に配慮した設計を行うことが重要です。

(8) 道路交差部

平面交差部における道路幾何構造設計については，道路構造令ではあまり詳細な規定はありません[2]。そのため「平面交差の計画と設計」[7]に設計の考え方や詳細な設計手法が示されています。平面交差部における幾何構造設計も，基本的には通常の道路区間における道路線形や視距についての設計の考え方は同じです。しかしこれに加えて，右左折車線の車線長や直進車線からこれらの車線へ横移動（シフト）させるテーパ長，横断歩道や停止線の位置，交通島を用いた交通動線の導流化や交差点隅角部における隅切りの大きさや形状などがあります。ただし，道路幾何構造として道路構造物を設計するものは必ずしも多くなく，車線や横断歩道，停止線など路面標示によって実現されるものも多く含まれています。

立体交差部では，立体交差している2つの道路同士をランプ（Ramp：坂路）とよばれる接続路で接続し，これをインターチェンジまたはジャンクションといいます。ランプには図4.13に示すような4つの基本形があり，全ての立体交差部のランプはこれらの組合せによって実現されます。図4.14にはいくつかの代表的なインターチェンジの形状を示します。

トランペット型は，1つのループランプを使って3方向の出入りを接続するものです。ダブルトランペット型はこれを2つ接続して4枝交差に利用するもので，料金所を1箇所に集約できるため，有料道路を前提としてきた日本の高速道路ではこの方式を採用しているインターチェンジが多く存在します。ダイヤモンド型は土地制約の大きい都市高速道路での適用が多く，この方式では一般街路とランプの接続部は平面交差点として運用することになります。

191

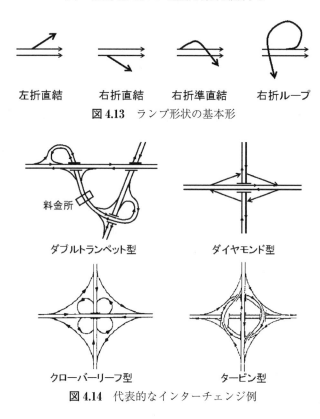

図 4.13　ランプ形状の基本形

図 4.14　代表的なインターチェンジ例

クローバーリーフ型やタービン型は，ほぼ同じ格どうしの道路の接続（ジャンクション）でよく使われます。クローバーリーフ型は構造物（橋やトンネル）が本線の立体交差部 1 箇所だけですむので構造物としては安価に実現できますが，広い土地が必要であること，全ての右折が左方向の270度転回に置き換えられることで方向性が悪いことなどが難点です。タービン型は逆に構造物をたくさん作りますが，準直結右折ランプで全方向の右折車を処理しますので，安全にかつ比較的分かりやすく作ることができます。

　こうした立体交差インターチェンジの設置間隔は，間隔が短すぎて織り込む交通が安全や円滑上の問題となるほど近すぎない限り，出入りの必要があれば間隔を短くしたほうが望ましいと考えられます。なぜなら，流入・流出の箇所

を多くして交通需要を空間分散させる効果が期待できるためです。特に近年
ETC の普及により，料金所に料金収受員を配置する必要がなくなれば，トラ
ンペット型を採用すべき大きな理由が無くなるので，より簡易なダイヤモンド
型などで ETC 専用のインターチェンジ（スマートインターチェンジ）を増設
することが可能となり，実際にこうした設置も増えてきています。

4.5 歩行者・自転車等の空間設計

4.5.1 歩道とバリアフリー

(1) 道路構造令における歩道の規定

道路構造令上，歩道の設置は，歩行者，自転車，自動車の交通量や沿道の施
設立地状況，歩行者の属性，歩行者空間のネットワークの状況等に応じて決め
ることになっています。

幅員は，歩行者の安全かつ快適な通行を確保するため，多様な利用形態を考
えながら，適切な幅員とすることになっており，道路構造令では，歩道の幅員
は，「歩行者の交通量が多い道路にあっては3.5メートル以上，その他の道路に
あっては２メートル以上」とされています。その根拠は図4.15の通りです。通
行に必要な幅は，歩行者0.75m，車いす1.00m，そして自転車1.00m です。そ
こで，車いす同士がすれ違える幅員として，歩道の最小幅を２ｍとしている
のです。その他の幅員についても，図に示すように，同様の考え方に基づいて
定められています。

さらに，歩行空間においては多様な利用形態が考えられるので，それぞれに
必要な占有幅を考慮した設計を行うことが求められます。

(2) 道路のバリアフリー基準

さらに，近年では，ユニバーサルデザインの考え方に基づいて，歩道の高さ
や勾配等の設計を行うことが一般的になってきました。平成12年に成立した交
通バリアフリー法（平成18年にバリアフリー法に移行）制定時に定められた道
路のバリアフリー基準に基づくものです。主な規定内容は次の通りです。

歩道幅員：有効幅員２ｍ以上

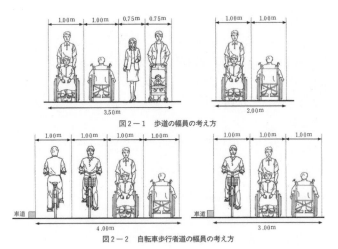

図2－1　歩道の幅員の考え方

図2－2　自転車歩行者道の幅員の考え方

図4.15　歩行および自転車歩行者道の幅員の考え方[8]

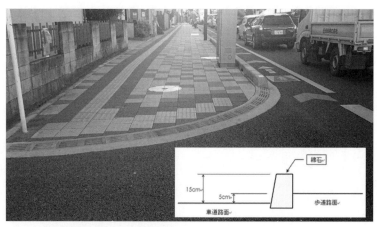

図4.16　バリアフリー基準によって作られた歩道

歩道の高さ：5 cm を標準

　横断歩道等に接続する歩道等の部分：2 cm を標準とするが，より望ましい縁端構造の採用も奨励

歩道の縦断勾配：5％以下（やむを得ない場合は8％以下）

歩道の横断勾配：1％以下

これに関するガイドライン[8]については，全ての道路への適用が望ましいとされています。

4.5.2　自転車

(1)　自転車を巡る政策転換

自転車は，最も身近な乗り物と言えますが，その位置づけの曖昧さが長い間問題になってきました。特に，交通事故が多発した1970年代に自転車の歩道通行を大幅に認めたことにより，車両であるにもかかわらず歩道通行が一般化し，歩行者との錯綜などの問題が生じていました。

そこで，2010年代に国の政策が大きく転換し，「車両である自転車は車道通行」を原則とすることとなりました。2012年には，「安全で快適な自転車利用環境創出ガイドライン」[9] が設定され（2016年に改訂），自転車ネットワークを形成する道路においては，自転車道，自転車専用通行帯（自転車レーン），車道混在のいずれかを用いることとなりました（図4.17）。このうち車道混在とは，法的な位置づけはないものの，路肩のカラー化や矢羽根を描くことにより，自転車の通行位置を明確化し，自動車運転者に注意喚起するものです。

さらに，2019年の道路構造令の改正によって自転車通行帯が新たに規定されました。また，従来多用されてきた自転車歩行者道については，自転車も歩行者も少ない道路などに限定的に用いられることとなりました。

(2)　自転車通行を考慮した交差点設計

自転車を巡る政策転換の中で，交差点における自転車の扱いも大きく変わりました。従来は，横断歩道に沿って自転車横断帯を設けていました。法令上，自転車横断帯がある場合には自転車はそこを通らなければなりません。ただ，それによって直進する自転車の動線がゆがんでしまい，危険な事象も生じていました。そこで，自転車横断帯を削除し，交差点内に矢羽根を設置して直進通行を促すことが一般的となりつつあります（図4.18）。

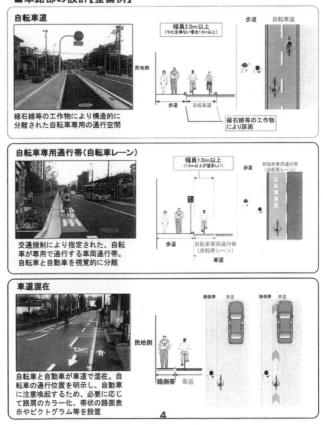

図 4.17　自転車通行空間の3つのタイプ[9]

4.5.3　新しい乗り物（モビリティ）

　最近，主に海外において，歩行者，自転車，あるいは原付自転車の役割を補完するような新しい乗り物（「モビリティ」と言われることが多いです）がいろいろ開発されています。環境に配慮して電動のものが多いようです（写真）。

　わが国にもそれらを導入する試みが見られるようになっています。高齢者や

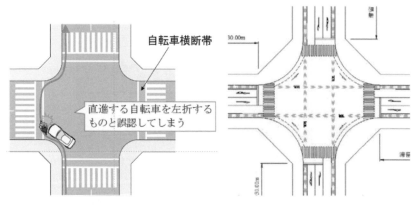

図 4.18 自転車通行を考慮した新たな交差点設計10)

写真 4.6 自転車横断帯を消して矢羽根を描いた例

障がい者の移動支援など様々な場面での適用も期待できます。ただ，もともと
空間が豊かではないわが国の道路に新しいモビリティを受け入れるにあたって
は，安全性などに関する厳しい検討も必要です。今後，位置づけや走行（通
行）空間の議論が展開されていくものと思われます。

写真 4.7　海外の新しいモビリティの一例

写真 4.8　わが国の歩行支援モビリティの例
　　　　　　施設内で貸出されている電動車椅
　　　　　　子（日本科学未来館）

4.6 都市街路の設計

　これまでの日本の道路は，単路部であろうと交差点でも細街路からのアクセス部でも単路部横断歩道でも，道路延長方向に対して横断面は基本的に全て一様（車道幅員が一定）に用地が確保され，歩道も一定の幅員で確保して，縁石が設置されています。路面標示では，交差点部で右折専用車線を設ける場合などに，単路部とは異なる車線構成が生じることがあります。しかし，欧州などの先進諸国の特に都市部街路では，道路延長方向に対して道路幅員の中で車道部や停車帯，歩道などの幅員をむしろ積極的に変化させることで，都市街路における空間配分にメリハリをつけて設計・運用し，特に歩行者の通行機能の優先度を上げ，自動車のアクセス機能にも配慮することで，利便性と安全性の両立を図ろうとしているように思われます。

　図4.19はこうした横断面構成にメリハリをつける考え方を示す概念図です。単路部では通行用の車線は片側1車線であっても，交差点部では右左折直進3方向別に車線を設け，交差点内には交通島を数多く設けてできる限り車の動線の交錯範囲を狭めます。単路部は中央分離帯を設け，単路部横断歩道では図のように通行機能に使われない車道部の幅員部分まで歩道を車道側へせり出させることで，歩行者が車道に降りる長さを最小限に短くします。歩行者はまず右から来る車にだけ注意して中央帯まで1車線分だけ渡ればよく，次に左からくる車にだけ注意してまた1車線分だけ渡れば横断を完了できます。交差点付近以外では，路肩側車道部にバスベイや路上駐停車施設など（当然，制度的に合法化することも必要）を配置し，逆に交差点部や単路部横断歩道との境界部の路肩側に構造物を設置して，これらの場所では路上駐停車をしにくいように（本来，駐停車禁止なわけですが），構造的に担保します[11]。

　歩行者にとって車道は，いわば陸上動物にとっての川や海峡のようなもので，危険領域に身を投げ出して「渡る」場所です。しばしば横断歩道ではない場所で無理に車道を横断する乱横断による歩行者交通事故が問題になります。これは日本の横断施設の形態や運用が限定的で，横断施設の設置箇所が限られ

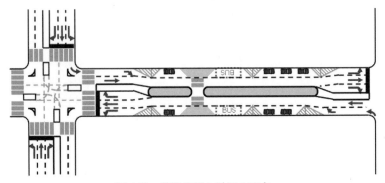

図 4.19　道路空間の活用の工夫

ていることも影響していると考えられます。日本では，横断歩道は全てゼブラマーキング，すなわち車両非優先・歩行者優先の横断施設ですが，欧米などでは車優先・歩行者非優先だがある程度安全に横断できる場所を設けることで横断施設を密に配置し，乱横断を予防しているように思われます。

　写真4.9は単路部の車道に中央帯を設けた単路部歩行者横断歩道（2段階横断歩道）の例を示しています。左の写真は埼玉県春日部市の例で，ゼブラマーキングによる横断歩道の中央部に交通島でガードされた安全地帯を設け，中央島まで到達した歩行者は車両から認識しやすく車両の停止が促され，歩行者も安心して横断できます。また右の写真は，イギリス・ロンドンの例で，ゼブラマーキングはありませんが，やはり中央部に交通島でガードされた安全地帯を設け，路面の右を見よ，左を見よ，との表記で歩行者に注意を喚起し，歩行者は非優先ながら一定の安全性が確保された状態で横断できます。

　また，これからの時代の道路設計を考える方向性のひとつとして，4.4.1項に述べた道路が担うべき交通機能が異なる道路階層に応じて，道路設計にメリハリをつけることも重要でしょう[12]。多車線が確保された立派な幹線街路，往復2車線程度のバス通りのような補助的な幹線街路，最も歩行者にとって身近な生活道路や繁華街のモールなど，目標とする機能が異なる道路に対して，その各機能を適切に発揮できるように設計法も分けて考えるべきです。

写真 4.9 歩行者横断施設の例

　例えば自動車交通量も多く比較的高速で車が走行する幹線街路の歩道は，歩行空間としての快適性はあまり高くないと考えられますから，必ずしも歩道整備は必須ではないかもしれません。それよりむしろバス通りのような補助的な幹線においてこそ，歩道や横断歩道施設などを充実させるべきでしょう。歩道の必要性や歩行者の目標サービス水準（例えば歩道幅員）と，処理すべき自動車交通量の多寡や自動車の目標サービス水準（旅行速度）は，同じ道路区間において同等である必要はありません。さらには，図4.19に示すように，交差点という自動車交通が多く交錯して危険で自動車の円滑性も求められる場所に，わざわざ歩行者横断歩道まで集めて置く必要はないかもしれません。

　道路幾何構造設計においても，通り抜け防止の目的などで一方通行規制をするだけでなく，逆走進入しにくいよう出入口隅角部の隅切りをわざと鋭角にするなど，利用者にその道路をどのように利用してほしいのか，自然に分かりやすくなるような，交通運用と一体化した整合した設計を目指すことも重要です。

参考・引用文献
1) ブキャナン・レポート　八十島義之助・井上孝共訳：都市の自動車交通，鹿島出版会，1964年
2) 日本道路協会：道路構造令の解説と運用，丸善，2004年
3) 新・都市計画マニュアルⅡ【都市施設・公園緑地編】6都市交通施設，2003年

4)　西遠都市圏総合都市交通計画協議会：パーソントリップ調査のリーフレット，2009年

5)　浜松市都市計画図(1)　1/2,500，2009年

6)　大口敬：三次元道路幾何構造による運転者視覚環境の定式化，土木学会論文集，No.646/IV-47，pp.1-12，2000年

7)　交通工学研究会：平面交差の計画と設計　基礎編—計画・設計・交通信号制御の手引—，丸善出版，2018年

8)　増補改訂版「道路の移動等円滑化整備ガイドライン」，財団法人国土技術研究センター，大成出版社，2011

9)　国土交通省道路局，警察庁交通局：安全で快適な自転車利用環境創出ガイドライン，2012（2016年に改訂済み）

10)　一般社団法人交通工学研究会：改訂平面交差の計画と設計　自転車通行を考慮した交差点設計の手引き，2020

11)　中村英樹，中井麻衣子：路上駐車を考慮した街路構造，交通工学，Vol.41，No.6，pp.40-44，2006年

12)　中村英樹，大口敬，森田綽之，桑原雅夫，尾崎晴男：機能に対応した道路幾何構造設計のための道路階層区分の試案，土木計画学研究・講演集，No.31，2005年

5章　道路交通を安全にする

　交通事故は，便利な車社会における最大の負の側面といえます。いったん重大事故の当事者になってしまうと，被害者やその家族は無論のこと，加害者もその人生を大きく変えられてしまいます。

　そのため，交通事故を減らして交通を安全・安心なものにするために，わが国では国をあげて多大の努力を払ってきました。5.1節では，その成果を歴史的経緯とともに述べるとともに，まだ残る課題について指摘します。続く5.2節は，「交通リスクの捉え方」と題し，交通の危険性について統計学の観点から考察します。5.3節では，わが国の事故の特徴のひとつである生活道路での事故抑止に関連して，人と車の共存を目指した世界各国の理論や実践を歴史的経緯とともに解説します。

5.1　わが国の交通安全

5.1.1　わが国の交通事故

　わが国の道路交通法の第1条には，この法律の目的が，「……道路における危険を防止し，その他交通の安全と円滑を図り，および道路の交通に起因する障害の防止に資すること……」であると明記されており，やはり，交通安全の実現が交通施策の第一の責務であることが分かります。

　日本の交通事故の歴史的経過を図5.1に示します。交通事故死者数についてみると，過去，2回の大きな山があったことが分かります。ひとつめは，1970年（昭和45年）をピークとする大きな山です。日本では昭和30年代ごろからモータリゼーションがはじまったのですが，ほとんどの道路には歩道がなく，信

号や歩道橋なども乏しい中で交通事故が急増したのです。1970年には過去最悪の16,765人が交通事故の犠牲となったのです。当時、「交通戦争」という言葉が毎日のように新聞等のマスコミに登場し、国家的に最優先の政策課題となっていました。そして、1966年（昭和41年）には、「交通安全施設等整備事業の推進に関する法律」が制定され、信号機、標識、標示の設置、交通管制センターの設置、横断歩道橋（地下横断歩道を含む）や交通安全事業としての歩道の設置などが進められることになりました。とりわけ、「特に交通の安全を確保する必要があると認められる道路」については、国が費用の全部または一部を負担できるという仕組みがこのときできたことにより、国家プロジェクトとしての交通安全対策が急速に進められることになったのです。

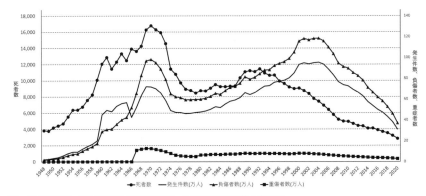

注1　昭和34年以前は、軽微な被害事故（8日未満の負傷、2万円以下の物的損害）は含まない。
　　2　昭和40年以前の件数は、物損事故を含む。
　　3　昭和46年以前は、沖縄県を含まない。

図 5.1　交通事故発生状況の推移（各年12月末）[1]

　この効果はきわめて大きいものでした。昭和40年代後半から、わが国の道路交通は車社会に対応した形を整えるようになり、昭和50年代には交通事故死者数がほぼ半減するにいたりました。

　しかし、その後、経済の発展や車社会のさらなる進展により、再び死者数が増加に転じ、平成に入る頃に再び年間死者数が1万人を超えるようになりました。それに対して、さらなる道路交通対策に加えて、シートベルトやエアバッ

グ等の車両の改良やルール化，そして飲酒運転の厳罰化などが功を奏し，平成10年代からは交通事故死者数が大幅に減少してきました。また，事故発生件数も1997（平成10）年代後半から減少に転じています。

5.1.2 わが国の交通事故の特徴

幸い減少傾向にあるとはいえ，年間約3,000人が命を落とし，約40万人がけがをしているという現実を直視し，安全な交通社会を目指す努力を続ける必要があります。そのためには，わが国の交通事故の特徴を詳しく分析して適切な対策を講じる必要があります。

わが国の交通事故の特徴として，ここでは2点だけ指摘しておきます。

1つは，高齢者の死亡事故の占める割合が非常に高いことです。図5.2をみると明らかなように，高齢者はいったん事故に会うと重篤な被害に遭う危険性が大変高く，交通事故死者数の約半分以上を65歳以上の高齢者が占めています。今後，さらなる高齢化が見込まれるわが国において，高齢者の安全対策が喫緊の課題であることが分かります。

もうひとつの特徴は，歩行者・自転車利用者が死亡事故の犠牲になる割合が非常に高いことです。交通事故死者のうち，歩行者が約三分の一を占めており，自転車利用者を合わせると半分近くを占めることになります。これは，欧

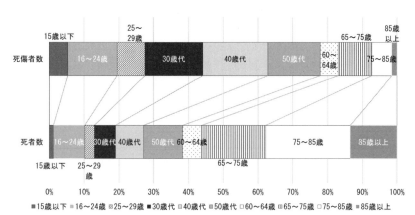

図 5.2 年齢層別死傷者の状況（2020 年)[1]

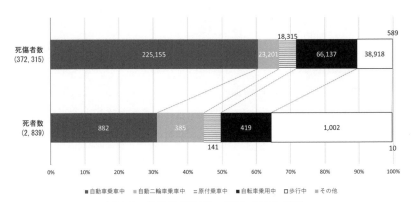

図 5.3　状態別死傷者の状況（2020 年)[1]

米の多くの国が10～20％台であることと比較して，著しい特徴といえます。歩道の整備が遅れていることなど，歩行者や自転車の通行環境がまだ整っていないことが大きな背景といえます。

　これらの点を含めて，特徴を見極めたうえで対策の方向性を検討していくことが求められることになります。

5.2　交通リスクの捉え方

5.2.1　交通事故の偶発性

交通事故というものは，運転者が寝不足で考え事をしていて，たまたまラジオの話に気が向いて，そこに横断歩道に差し掛かり，おもわず安全確認がおろそかになり，ここを渡ろうとする歩行者が遅刻しそうであせっていて，また失恋で混乱していて，こちらもおもわず安全確認がおろそかになり，……と偶然に偶然が重なる中で生じてしまうものです。つまり，偶発的に，また不定期に，かつ極めて稀にしか発生しないものと考えられています。

　例えば，ある急カーブ付近で起きた速度超過に起因すると思われる単独事故の発生件数を調べると，このように交通事故は極めて偶発的なことですから，ある年には 3 件発生し翌年には 1 件となることは十分にあり得ます。あるとき，ここに「急カーブ事故注意」という注意喚起の看板を設置したとしましょ

う。その設置前の1年に事故発生が3件，設置後の1年に1件となったとしたら，はたしてこの看板は事故減少に効果があったのか，それとも単なる偶然の結果なのかを区別することはできません。

しかし，期間を長くとって2年〜3年とする，あるいは同じような看板の設置をした別のカーブを数箇所加えて件数を増やして分析し，例えば事前15件，事後2件という結果が得られたとすると，この変化は偶然にしてはあまりにも稀な現象ですので，看板設置は事故減少の効果があると常識的には考えられるでしょう。しかし，きわめて稀なことかもしれませんが，単なる偶然で（看板設置と関係なく）15件の翌年が2件となることもあり得ないとはいえません。もし偶然に事故発生件数が減少したのだとすると，効果があったとの常識的な判断は誤りだったことになります。しかし，交通事故の発生は偶然性を持つ以上，この判断の誤りの確率はゼロにはできません。

そこで一般には，この判断が間違う確率がある一定値（交通事故の場合には普通は5％あるいは10％）以下になるように判定する方法が用いられます。この仮定する一定の確率のことを有意水準とよびます。

5.2.2 ポアソン分布と指数分布

設定した有意水準確率におけるある現象の状態（例えば事故件数）を計算するためには，事故発生の偶然性を数学的な特性として仮定する必要があります。一般的に，事故発生間隔は完全にランダムであり，今回の事故と次回の事故との間の時間間隔は，前回の事故から今回の事故までの時間間隔とは無関係（無相関）だと仮定できるでしょう。この仮定からは，発生時間間隔が指数分布に従うことが数学的に導かれます。また発生時間間隔が指数分布に従うとき，一定期間の間にその事象が発生する件数（事故発生件数）はポアソン分布に従うことが数学的に知られています。

ある一定時間 T の間に対象とする事象の発生回数が k となるポアソン分布の確率関数は次式で表されます。

$$P(k) = \frac{(\lambda T)^k}{k!} e^{-\lambda T} \tag{5.1}$$

207

　ここで「e」は自然対数の底で約2.718の定数を意味し，$k!=k×$ $(k-1)×\cdots×2×1$です。λはパラメータで，単位時間内の平均発生回数を表します。従ってλTは時間T内における発生回数kの期待値$E[k]$になります。またポアソン分布では，その分散$V[k]$が期待値$E[k]=\lambda T$と等しいことがこの分布の大きな特徴です。

　ある事象がポアソン分布に従って発生するとき，その事象の発生時間間隔の確率は，前述のように指数分布で表されます。単位時間内の平均発生回数がλであるとき，この事象発生時間間隔の確率密度関数$f(x)$（＝到着時間間隔がxである確率密度），および累積分布関数$F(x)$（＝到着時間間隔がx以下となる確率）はそれぞれ次式で表されます。これが指数関数の形なので指数分布と呼ばれます。

$$f(x)=\lambda e^{-\lambda x} \qquad F(x)=1-\lambda e^{-\lambda x} \tag{5.2}$$

　指数分布の期待値$E[x]$は$E[x]=1/\lambda$，分散（$V[x]$）は$V[x]=1/\lambda^2$となります。

5.2.3　交通安全対策の効果評価

(1)　有意水準

　1年間に発生する交通事故件数がポアソン分布に従うものとすると，発生件数の分散$V[k]$が発生件数の期待値$E[k]=\lambda T$と等しいですから，発生件数の標準偏差σ_kは発生件数の期待値の平方根$\sqrt{E[k]}=\sqrt{\lambda T}$に等しくなります。一般に，期待値±標準偏差（＝$\lambda T \pm \sqrt{\lambda T}$）の範囲の発生確率はほぼ70％ですから，期待値±標準偏差の範囲の年間交通発生件数となることは，かなり起こりやすいものと判断できます。

　図5.4は，年間の事故発生件数の期待値$\lambda T=10$となる場合のポアソン分布を示したものです。ある年の事故発生件数が横軸の値を取る確率がそれぞれ縦軸の確率で表されており，考えられる全ての事故発生件数の条件（件数＝0,1,2,3$\cdots$）における確率の総和を取ると1になります。図では24件までしか示していませんが，数学的にはどんな大きな発生件数であっても確率はゼロで

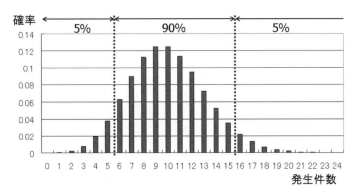

図5.4 期待値10の場合のポアソン分布

はありません。100件でも1000件でもきわめて低い確率ではありますが，発生
し得るのです。年間の事故発生件数の期待値は10件ですが，図5.4より，これ
が6件から15件の範囲となる確率が90％あることが分かります。また，5件以
下（0件，1件，2件，…，5件）となる確率が5％，16件以上（16件，17
件，…）となる確率も5％です。

そこで年間事故発生件数の期待値が10件であったとして，何か事故対策の効
果を考えるとき，有意水準（判定誤りの確率）を5％として考えると，事故対
策後の年間事故発生件数が5件以下となれば「有意水準5％で効果があったと
いえる」と評価します。つまり期待値10件が5件になることは，判定誤りの確
率5％の確信度で事故発生件数は減ったといっていいだろう，ということで
す。

(2) **効果評価の方法**

以上の考え方が交通事故の発生リスクを数学的に理解する方法なのですが，
実際上はまだ大きな問題があります。そもそも，年間事故発生件数の「期待
値」はどうやって知ることができるのでしょうか。一般に，何も変化しない
（交通量も速度も車種構成も運転者属性比率も変わらなければ，新しい看板設
置も関連する道路の開通もない，など何を考えても変化がない）状態がしばら
く続けば，交通安全上のリスクは変化していないものと考えることができま

す。その間，何年間も交通事故発生件数を観測すれば，ポアソン分布に従って発生件数はランダムに変動するでしょうから，その平均値を取ればこれが確率的な期待値に一致するといえるでしょう。

　問題は，そのような「何も変化していない」ことを本当に保障できるような期間がどれだけあるか，ということです。現実的には，社会は常に変化していますので，変化がない状態を長く観測できるとはいえないでしょう。何らかの変化が常にある中で，交通事故の発生件数もこうした社会的な変化の影響とポアソン分布の持つランダムな特性のために変動しています。

　こうした中で交通安全対策が求められるのは，交通事故発生件数が急激に増加したときです。なんらかの状態の変化が交通安全のリスクを増大させて事故件数が増えたのではないか，と予想される場合があります。新しい大規模店舗が立地して交通量が変化したとか，高齢化が進んで高齢者の事故が増えたとか。

　交通事故対策は，こうした事故発生件数の増加を受けて行われることが多いのです。ところが，もしもこの事故発生件数の増加は，ポアソン分布のランダム性のみによるものだとしたら，何が起こるでしょうか。常識的に考えて，ポアソン分布に従うランダムな事象で，たまたまある1年の事故発生件数が，図5.4の右側の方の大きな値を取れば，次の1年間の事故発生件数は期待値のそば，あるいは期待値よりも小さい値となる可能性が高いだろうと考えます。なぜなら，次の1年も大きな値を取るならば，そもそも期待値がもっと大きいのではないか，と疑われますから。つまり，ある年の発生件数が多ければ，何もしなくても次の年の発生件数は少なくなる可能性が高いのです！

　以上のことは「平均値への回帰」とよばれる現象です。小さな値の次は大きな値，大きな値の次は小さな値，となりやすいことを意味します。とすると，事故発生件数が増えたから何か事故対策をした，その翌年の事故発生件数は減った，と思ったらまた翌年は発生件数が増えたので，また新たに対策をした，その翌年はまた発生件数は減った，ということを繰り返して，事故対策は効果を見せたが，1年と続かずに新たな事故対策が必要になり，またこれも効果を

見せた，……などと本当に考えていいのでしょうか。対策の効果だと思っていたものは単なる平均値への回帰現象であって，繰返し行ってきた対策なるものは，全く交通事故とは無関係であった可能性も否定できません。ここはよっぽど慎重に考えなければいけないようです。

　もちろん，対策の効果がなかった，ということもまた言い切れないのです。あくまでも有意水準（判断の誤りの確率）の中で，確率的にしか判断はできません。しかし逆に有意水準を照らし合わせずに，単に件数の増加・減少に一喜一憂するのは科学的な態度とはいえないのです。確かに対策前の期待値を実証的に知ることはきわめて困難な場合も多いのですが，確率的特性をよく考えて分析・評価することが大変重要なのです。

5.2.4　交通リスク分析に用いられるデータ

　ここまで，ある期間（例えば１年間の）交通事故発生件数によって交通安全上のリスクを評価してきましたが，リスク評価指標として発生件数が必ずしも適切とは限りません。たとえ同じカーブの安全性評価でも，ある年に前の年よりも交通量が倍に増えていれば，１台あたりの事故発生リスクが同じなら事故発生件数は２倍に増えてしまう可能性があります。こうした観点からは，交通安全上のリスク評価を車一台の通行あたりに規準化して考える方がよい，との考え方も成立します。ある路線や道路区間，道路ネットワーク範囲などを対象に交通安全上のリスクを議論する場合には，交通量［台km］あたりの事故件数（これを事故率［件/台km］などといいます）を用いることが一般的です。ここで台kmとは，１台の１km走行を１［台km］と考える交通の多さを表す単位で，１kmに100台通行しても50kmを２台通行しても，100［台km］で同じになります。

　また交通安全上のリスクを考える場合には，事故の程度も大きな問題です。人身事故にはならない軽い物損事故と人身事故では，同じ１件でも重みが違います。人身事故でも負傷の程度（軽傷と重傷）や死亡との違いもあり，また１件の事故で巻き込まれる人数が多い場合も少ない場合もあります。一方で事故対策にも，長い時間をかけて大きな予算を必要とする大規模なものから，短期

間で安い費用で行うことができるものまであります。いくら事故が多発してい
ても，物損事故ばかりの場所で，事故対策のためだけにあまり大規模な事業を
行うことは非効率ですし，事故件数は少なくても人身事故が起こるような場所
で，低予算の対策しか行わないのはバランスが取れません。

　人の命や怪我の程度に対して，重軽を決めることは軽々しくできることでは
ありませんが，公共事業である交通安全事業の優先順位や，他の公共事業と比
較をするためにも，交通事故に起因して生ずる社会全体の損失を金額に換算し
て評価することが，日本では内閣府によって数年おきに継続的に検討されてい
ます[2]。交通事故による損失は，金銭的損失と非金銭的損失とに分けることが
できると考えられています。このうち金銭的損失は表5.1に示される項目から
成っています。上記の内閣府による平成16年（度）の交通事故についての推計
では，この金銭的損失総額は約4.4兆円とされています。

表5.1　金銭的損失の算定範囲

損失の種別	算定費目
人的損失	治療関係費，休業損害，慰謝料，逸失利益など
物的損失	車両，構築物の修理，修繕，弁償費用
事業主体の損失	死亡，後遺障害，休業などによる付加価値額低下分の損失
各種公的機関の損失	救急搬送費，警察の事故処理費用，裁判費用，訴訟遂行費用，検察費用，矯正費用，保険運営費，被害者救済費用，社会福祉費用，救急医療体制整備費，渋滞の損失

　一方，非金銭的損失とは，死傷に伴う苦痛，不安，不快，不便といった，直
接には金額で表現できない被害のことです。これは，死傷を免れるために支払
う意思のある金額（Willingness To Pay：WTP）として，一種のアンケート調
査に基づいて推計されることが一般的です。死亡のWTP値は上記内閣府によ
る推計では1人当たり約2.3億円とされています。WTP値はアンケートの質
問の方法によって影響されやすいことが知られています。そのため，国土交通
省による別の推計（国土交通省道路局，平成16年度道路交通における人身被害
に伴う損失推計に関する調査研究）では，死亡のWPT値は1人当たり約1.6
億円とされていて，かなりの違いがあります。しかし，欧米諸国による推定値

と比較してもほぼ中間的な値ですので，おおよそ妥当な結果だと考えることができるでしょう。なお死亡の WTP 値の約1.6～2.3億円/人は，死亡の金銭的損失の約0.3億円/人を大きく上回ることが知られています。

交通事故による負傷の WTP 値については内閣府では推計していませんが，これを約1.7兆円と推計することもできるようです[3]。金銭的損失4.4兆円，死亡 WTP 総額2.3兆円，負傷 WTP 総額1.7兆円を総計すると，平成16年（度）の交通事故による社会的な総損失は8.4兆円で，このうちの4兆円，48％が非金銭的損失という計算になります。これだけ大きな社会的な損害が毎年発生しているのが交通事故というものの実態だと考えられるのです。

なお最後に，交通事故による死者数に関する統計でひとつ注意すべき点に言及しておきます。警察庁交通局の協力の下で毎年作成される「交通統計」（(財)交通事故総合分析センターより公表されています）では，24時間死者数（事故発生後24時間以内に死亡した人数）が用いられています。一方，諸外国では30日死者数（事故発生後30日以内に死亡した人数）を用いることが多いため，平成5年以降は30日死者数も集計されるようになりました。しかし新聞やニュースで一般に取り上げられるのは24時間死者数です。さらに厚生労働省の人口動態統計においても交通事故死者数の統計があります。この中には道路交通以外のものも含まれますが，(財)交通事故総合分析センターで道路交通による交通事故死者数に相当するものを整理したものを，厚生統計による死者数として「交通統計」で公表しています。こうした種類の違う統計相互の違いを見てみると，だいたい30日以内死者数は24時間死者数の約15％増し，厚生統計による死者数は24時間死者数の約40％増しになっているようです。

5.3 人と車の共存－生活道路の交通安全対策と地区交通計画

5.3.1 生活道路の現状

生活道路は，住宅地を中心とする地区の区画道路のことです。人々の生活の場であることから，交通安全に対する配慮がひときわ求められるべき場所です。ところが，わが国の多くの生活道路が，いわゆる抜け道として使われてお

213

り，朝夕のピーク時を中心として多くの車が高速で走るという状況が解消されていません。

　市街地とりわけ生活道路において，人と車をどのように共存させるか，というテーマは，自動車が普及して以来，世界中で様々な取り組みが行われてきました。本節では，それらについてみていきたいと思います。

5.3.2　近隣住区論

　住宅地における人と車の関係のあり方をはじめて体系的に議論しはじめたのは，1920年代のアメリカでした。当時のアメリカは，人類がはじめて体験する急激なモータリゼーションの真っ只中にありました。と同時に，急速な都市拡大の真っ最中でもあったことから，新しい市街地を開発する際に道路網をどのように設計し，人と車の関係をどのようにすればよいのかを必然的に考える状況が生まれていたのです。

　当時の様々な議論の中で，特に有名で，現在でもその意義を失っていない考え方として，近隣住区論（Neighborhood Unit Theory）があります。1927年に

写真 5.1　わが国に多数存在する危険な通学路

クラレンス・アーサー・ペリー（C. A. Perry）という社会学者が同名の本を出版したことで知られています。

　当時のアメリカは，急激な発展に伴う様々な歪みを抱えていました。その混乱のひとつが，当時すでに2,000万台を超えていた自動車の存在であることをペリーは指摘したのです。たしかに，ごく単純なグリッドパターンの道路網で開発が進む住宅地では，至るところに通過交通が進入し，生活環境を破壊しかねないほどになっていました。

　そこでペリーが提唱したのが，住宅地を大通り（地区幹線道路）で囲まれたユニットごとに分割し，ユニットの中には通過交通が入らないようにする，というものでした。大通りからの出入り口を限定するとともに，内部の道路網をわざと複雑にして，通過交通が入る気をなくす，というものです。

　ペリーは，このような「細胞状都市（Cellular city）は自動車時代の避けられない産物である」[5]と述べています。同時に，「こうした自動車による脅威が近隣の地区概念を明確にし，これを標準化していくような要求を生み出してい

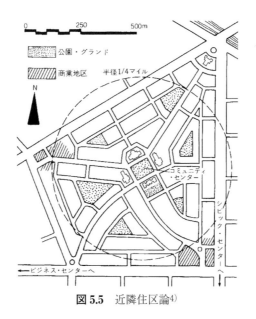

図 5.5　近隣住区論[4]

215

く。このことは，正に不幸に見えて実は幸いなことなのである」[5]，とも述べています。つまり，市街化が進展する過程で幹線道路が四方八方に伸びていく結果として，それらに囲まれた「地区」（ペリーはこれを近隣住区と呼んでいます）が生まれるので，それを活用して，通過交通から保護する地区を作ろう，という考え方なのです。

　近隣住区論には，もうひとつ重要な提案が含まれています。各ユニットのほぼ真ん中に小学校を置き，「1小学校区を形成する人口がすむ大きさ」を地区の大きさを決める根拠としていることです。こうすれば，地区内の小学生は，全てその地区の小学校に通うことになり，車の交通量の多い幹線道路を渡ったり通ったりしないですむ，というのです。小学生の安全という観点から住宅市街地の設計を考える，という，画期的かつ普遍的な提案が行われたことにより，近隣住区論が現在でも尊重されるといって過言ではありません。

　近隣住区論は，社会学や都市計画の分野でも多くの興味深い提案に満ちています。一方で，モータリゼーションが成熟する中で限界も指摘されています。興味のある人はぜひ関連の文献を読んでみてください。

5.3.3　ラドバーン方式

　その頃のアメリカでは，ニュータウンの設計に携わる都市計画家たちも，人と車の関係を深く考えはじめていました。その代表的成果が，建築家のクラレンス・スタインとヘンリー・ライトを中心に設計されたラドバーンです。

　彼らは，イギリスの田園都市（Garden City）に深く傾倒し，また，ペリーの近隣住区論と相互に影響を与えつつ，さらに，徹底した歩車分離の考え方をニュータウンに持ち込んだのです。

　ラドバーンとは，1929年にニュージャージー州に開発されたニュータウンの名前です。街区を大通りが囲んでいるところは，近隣住区論の原則と一致しています。ただ，ラドバーンの場合は，街区を通過交通が一切通過できないように，地区道路はクルドサック（行き止まり道路）にしています。さらに，クルドサックとクルドサックの間に歩行者専用道が通っていて，各住宅は，クルドサック側と歩行者専用道側の両方に面し，それぞれに入口が設けられているの

216

|クルドサック|歩行者専用道路（花壇で出入り口が
ふさがれている）|

写真 5.2　現在のラドバーン

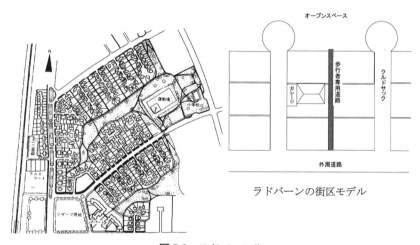

ラドバーンの街区モデル

図 5.6　ラドバーン[4]

です。

　小学生は，歩行者専用道側の玄関を出て歩行者専用道を歩き，街区の中心に広がるオープンスペース（広大な緑地です）を通って小学校にいたります。このかん，自動車に出会うことはまったくありません。

　一方，車で外出する人は，反対のクルドサック側のガレージから出庫してクルドサックを走っていくのですが，小学生の姿はそこにはありません。

このように，非常に緻密な設計により，歩車完全分離のニュータウンがはじめて実現したのでした。ラドバーン自身は，アメリカを襲った大恐慌のあおりを受けて部分的な開発で終わってしまったのですが，完成した部分については，21世紀の今もなお，きわめて安全で，かつ緑豊かな高級住宅地として魅力を保っています。

ただ，ラドバーン方式がその後広がったかというとそうはなりませんでした。その主な理由は2つあります。ひとつは，いわば2重に道路が必要となるこの方式は，住宅デベロッパーの立場から見ると開発費用が高くついてしまう，という点です。もうひとつの，より本質的な理由は，そもそもこれほど徹底的に歩車分離する必要性や現実性があるのか，という点です。図から読み取れるように，1本のクルドサックの沿道に張り付いている住宅は20軒弱に過ぎませんので，車はほとんど通りません。そこで，歩行者が自然にクルドサックを歩くようになっていったのです。ラドバーンを歩いてみると，歩行者専用道側の出入り口を閉鎖してしまっている住宅が多く見られます。

歩行者と自動車との「分離」と「共存」の議論は，まさにこのラドバーンを出発点として，その後世界中で繰り返されることになります。限られた道路空間において，歩行者の安全性や快適性と自動車のアクセス性をどのように両立させていくのか，21世紀の現在でも大きな課題です。

5.3.4　ブキャナンレポート

第2次世界大戦が終わると，モータリゼーションの波がヨーロッパにおよびました。長い歴史を持つヨーロッパでは，すでに市街化が進んだ都市の中にどのように自動車を受け入れていくか，という点が大きなテーマとなりました。

例えば，すでに戦前から都心部の道路のモール化（歩行者専用化）をはじめていたドイツでは，1950年代から「ゾーンシステム（セルシステム）」と呼ばれる面的な交通対策を都心部で実施するようになりました（6章参照）。こうした動きをレビューしつつ，市街地における自動車の扱いについての一般的原則をまとめたのが，4.1節でもとりあげたブキャナンレポートです。

人と車の共存という観点からは，ブキャナンレポートの提唱した「都市の廊

下」と「都市の部屋」の考え方が重要です。幹線道路と地区道路の区別がはっきりしない当時のイギリスの道路には至るところに通過交通が入り込んでいました。それに対して，建物に廊下と部屋があるように，都市にも，通過交通を担う廊下(幹線道路)と，通過交通の入ってこない地区すなわち「都市の部屋」を区別して設けるべきである，と主張したのでした。そして，この「都市の部屋」を居住環境地区(Environmental Areas)と名づけたのです。1960年代前半の時代に Environmental という言葉を用いていることに先進性を感じます。「都市の部屋」は，人々が安心して生活できる環境を整えることが最も重要である，という強いメッセージがこめられています。

こうした考え方は，すでに近隣住区論が唱えた考え方とかなり類似しているともいえますが，近隣住区論が新開発住宅地の設計に焦点を絞っているのに対し，ブキャナンレポートが様々なタイプの既成市街地への適用を具体的に検討したことなどから，世界中に多大なる影響を与えました。現在でも，日本を含む大多数の国で，ブキャナンレポートの考え方を基本として道路網計画や地区交通計画が立案されているといっても過言ではありません。

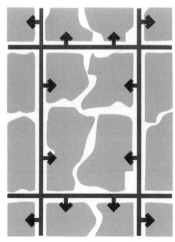

図 5.7 ブキャナンレポートの「都市の部屋」と「都市の廊下」[6)]

5.3.5 ボンエルフー道路空間デザインへの関心

ブキャナンレポートまでは，人と車の関係は，「通過交通の入りにくい地区道路網のあり方」といったかたちで，主に道路ネットワークのレベルで議論されていました。1970年代になると，道路空間のデザインにも関心が及んでくるのですが，そのきっかけは思わぬところからやってきました。

1970年代のはじめごろ，オランダのデルフトという街で，住民たちが家の前の道路に植木鉢を置くという運動が自然発生的にはじまりました。速い速度で通り抜けていく通過交通に対して，せめて速度を遅くしてほしい，という意思表示でした。本来であれば違法であるこの行為にデルフト市が注目し，また当時一部の研究者が提唱していた道路デザインの考え方ともうまく結びついて，ボンエルフ(Woonerf)という新しい道路空間が誕生したのでした。

ボンエルフとは，「生活の庭」という意味のオランダ語です。生活道路は，通過のための「道路」であるべきではなく，歩いたり，遊んだり，時には駐車したりという，生活に必要な外部空間─ほぼすなわち庭─であるべきである，という発想に基づくものです。そのように考えれば，歩道と車道を区別するのはおかしいので全体を「歩道」にしてしまい，必要最小限の車両については，ゆっくりと人と同じぐらいの速度で走ってもらうことになります。そのために，道路

写真5.3 ボンエルフ

上に，樹木やベンチ，必要に応じて路上駐車スペースなどを設けて，車両がまっすぐ走ることができないようにします。

　この考え方は広く受け入れられ，1976年にはオランダの道路法と道路交通法が同時に改正されて，ボンエルフという新しいタイプの「道路」が法的に認められることになりました。標識も非常に変わっています（写真5.3）。道路の真ん中で親子がサッカーをしているようです。その通り，法律で「道路上で遊ぶ」ことが認められているのです。自動車の登場いらいはじめて，「道路全部で人が優先」の道路が，モール以外の道路で実現したのでした。

　ボンエルフは，その後ヨーロッパの複数の国で同様に法制化され，大きなインパクトを与えました。ただ，規制最高速度が「徐行」という道路はやはりきわめて特殊であり，生活道路全部をボンエルフにすることは，自動車の利便性を損ねすぎてしまうため一般的ではありません。そこで現在では，次項で紹介する，規制速度を面的に時速30kmとするゾーン30と呼ばれる対策と組み合わせて用いられています。

5.3.6　交通静穏化とゾーン30

　生活道路一般を安全にする対策として，現在広く普及しているのが，交通静穏化(Traffic Calming)と呼ばれる一連の手法，およびそれらを面的に展開するゾーン30と呼ばれる対策です。

　交通静穏化とは，生活道路等において，自動車交通を穏やかに静める，といった趣旨の対策であり，端的に言えば，速度を落とすことと，通過交通をできるだけ抑制することが主な目標になります。具体的な手法としては，路面になだらかなこぶを設け，速く走る自動車に不快感を与えるハンプ（写真1），ハンプと横断歩道を組み合わせた横断歩道ハンプ（スムーズ横断歩道）（写真2），車道幅員を部分的に狭くし，注意深い低速走行を促す狭さくなどがあります。また，道路を遮断して意図的にクルドサックを作り出す，といったような思い切った手法もあります。新たな対策であるライジングボラード（自動昇降する車止め）は，通過交通を抑止する交通規制と組み合わせて，規制を順守させながら許可車両の通行を可能にする手法です（写真3）。

写真1 ハンプ　　**写真2** 横断歩道ハンプ(ス　**写真3** ライジングボラ
　　　　　　　　　　　　　ムーズ横断歩道)　　　　　　　　　ード

写真4 ゾーン30

　ゾーン30とは，幹線道路などで囲まれたひとかたまりの地区を，面的に最高
速度30km/h規制とするものです。30kmを超える速度では，自動車と歩行者が
衝突した場合の歩行者の致死率が高くなることから，この速度を順守させるこ
とが重要です。ゾーン規制にすることにより，ゾーンの入口に特別の標識が立
つため(写真4)，ドライバーは，「ここから中に入るときには運転に特に注意
しよう」と気持ちを引き締めることになるのです。さらに，ゾーンの中には
様々な交通静穏化手法が適用されるので，物理的に30km/h規制が担保される
ことになります。イギリスのように，ゾーン30内には交通静穏化手法を適用す
ることが国の規則で定められているところもあります。

ゾーン30はヨーロッパの多くの都市で普及しており，幹線道路以外はほとんどがゾーン30になっているような都市もみられます。

5.3.7　日本の交通静穏化の取り組み

わが国でも，生活道路の安全対策の長い歴史があります。生活ゾーン，スクールゾーンといった言葉を耳にしたことがあると思います。生活道路の安全を図るためにまず行われてきたのは，きめ細かい交通規制を実施することであり，ゾーン規制も早くから行われてきました。また，それらの規制を担保するための物理的な交通静穏化対策については，1996年からはじまったコミュニティ・ゾーンにおいて，導入が進められることになりました。その後さらに多様な施策展開が行われ，「くらしのみちゾーン」，「あんしん歩行エリア」などが実施されてきました。2011年には日本でもゾーン30の整備が始まり，2016年にハンプや狭さくの基準となる「凸部，狭窄部及び屈曲部の設置に関する技術基準」が制定されました。国からハンプ（凸部）や狭さくの標準的な仕様が示されたことにより，日本においても物理的な対策の設置が進む契機となりました。また，これら物理的な対策とゾーン30の連携を推進する施策として，2021年には，「ゾーン30プラス」が始まりました。このように，様々な交通規制と物理的な手法を組み合わせて，安全対策が進められています。

このような対策を進めるためには，地元住民の積極的な参加が必須となりますが，そのための仕組みも徐々に整いつつあります。ワークショップによる議論や街歩き体験など，まちづくりの手法を取り入れた取り組みが定着しつつあります。特に，社会実験を多用することがわが国の大きな特徴であり，交通規制の変更や交通静穏化手法の設置などを，まず期間を決めて一時的に行って社会全体で体験して評価する，という仕組みにより，地元住民の納得を得た形での導入が可能になっています。また，幹線道路と比較して交通実態の把握が難しかった生活道路でも，カーナビから得られる走行速度等，ビッグデータを利用して地域の課題を共有する工夫も進められています。

今後も，これらの取り組みをさらに成熟させながら，交通静穏化がさらに一般的に普及するようにしなければなりません。

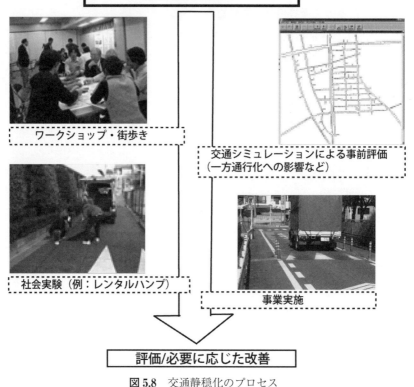

図 5.8　交通静穏化のプロセス

5.4　交通事故ゼロへ向けた取り組み

5.4.1　証拠に基づく科学的対策の推進

　交通事故などで，エアバックが作動するような強い衝撃を受けた際に，その直前から直後まで，車両制御コンピュータのデータなどを自動的に記録するイベント・データ・レコーダ（EDR）登載車も増えてきました。また，タクシーなど運送事業用の車両では，交通事故や様々なトラブルの証拠として自車両の周囲や車内の映像を記録し確認できるドライブ・レコーダの搭載が標準的と

なり，個人での導入も進んでいます。ドライブ・レコーダによる記録が安全運転意識を高め，また交通事故時の事実が記録されるので，ドライブ・レコーダ付属の自動車損害保険商品も出てきています。こうした記録データにもとづき事故要因が解析されれば，一層の交通事故対策が進むことが期待されます。

2019年に改正された道路交通法と道路運送車両法では，自動運行装置を作動させる（自動運転で走行する）ことが正式に法的に認められると同時に，車両の運行状態を記録する装置の搭載が義務化されました。これにより，万一交通事故が起きた際には，記録装置により事実が詳らかにされて原因究明と再発防止に大きく寄与し，自動運転車の高い安全性を担保するものと期待されます。

交通事故の発生の裏には，事故には至らないヒヤリハット事象が大量にあることが知られています。急加速，急減速，急ハンドル時の状況を記録するドライブ・レコーダは，こうしたヒヤリハット事象を記録できると期待されます。2.5.1項で紹介するプローブカーにも，こうした「急」の付く挙動の状況の自動記録機能を持つものもあります。大量のヒヤリハット情報を用いて交通事故リスクを把握し，交通事故を未然に防ぐ対策を取れる可能性があります。

また，こうしたヒヤリハットする状況が多発する道路区間を見つけるため，市民参加型でそうした経験情報をインターネットを使って多数収集し，これをweb上で公開して一般市民にも注意喚起するとともに，交通事故分析に活用する取り組みも広がりを見せています[7),8)]。

英国発祥の Road Safety Audit（RSA，道路安全監査）という制度があります。道路の設計・供用直前・維持管理の各段階で，交通安全の専門家が第三者としてチェックする制度です。日本でも，後に道路安全診断と呼ばれるようになる仕組みが2010年代前半から試験的に行われ，交通安全対策を第三者の専門家がチェックする制度が徐々に整いつつあります。交通警察もチェックに参加し，道路管理者と交通警察が最初から意見交換しながら交通安全対策を検討することで有効性が高まることが期待されます。

5.4.2　情報通信技術の活用と自動運転

2.5.1項に示す ITS 技術は，交通安全の向上にも大きく寄与することが期待

されています。見通しの悪いカーブや交差点で見えない方向から来る車の存在を最新のセンシング技術で検知し，これをドライバに伝えるようなシステム，一時停止を無視しかけたり安全速度を超過する走行をしようとしたりした場合に警告を発するようなシステム，車線の逸脱をしそうになると警告を発するシステム，オートクルーズにより一定速度で自動走行しているときに前方車に接近しすぎないように自動的に前方車との車間距離を適切に保持しながら前方車に自動で追従するシステム，など様々な安全性向上技術も開発され，一部すでに実用化されて，実際に商品として実現しています。

　こうした安全性向上のためのITS技術には，3つの段階があると考えられています。まず情報提供をしたり警告を発したりするような，ドライバに安全に関する状況を伝えるようなシステムで，死角にいる人や車両を通知するシステムなどが典型例です。次の段階では，単にドライバに状況を伝えるだけでなく，一部の操作を自動的に制御するようなもので，前方車接近に対して自動的に車間距離を維持しようとするシステムなどが典型例です。最後の段階は，ドライバを補助するのではなく，完全にシステムで自動的に制御するものです。自動運転技術は，この最後の段階の技術であり，交通事故の大半がヒューマン・エラーに起因すると考えられることから，交通事故削減に大きな効果が期待されています。自動運転技術には表5.3に示す5つのレベルがあります[9]。

表5.3　自動運転の技術レベルの定義概要[9]

レベル	概要	安全運転に係わる監視，対応主体	解釈
SAE レベル0 運転自動化なし	・運転者が全ての運転タスクを実施	運転者	
SAE レベル1 運転支援	・システムが前後・左右のいずれかの車両制御に関わる運転タスクのサブタスクを実施	運転者	安全運転支援 自動化
SAE レベル2 部分運転自動化	・システムが前後，左右の両方の車両制御に関わる運転タスクのサブタスクを実施	運転者	安全運転支援 高度自動化
SAE レベル3 条件付き運転自動化	・システムが全ての運転タスクを実施（限定領域内*）・作動継続が困難な場合の運転者は，システムの介入要求等に対して適切に応答することが期待される	システム（作動継続が困難な場合は運転者）	運転支援 完全自動化
SAE レベル4 高度運転自動化	・システムが全ての運転タスクを実施（限定領域内*）・作動継続が困難な場合，利用者が応答することは期待されない	システム	限定条件付き自動運転
SAE レベル5 完全運転自動化	・システムが全ての運転タスクを実施（限定領域内*ではない）・作動継続が困難な場合，利用者が応答することは期待されない	システム	完全自動運転

＊ここでの「領域」は，必ずしも地理的な領域に限らず，環境，交通状況，速度，時間的な条件などを含む

特にレベル4以上となると，車両の運行に人が関与しませんから，高いシステム信頼性が確保できれば，大幅な交通事故削減が期待できます。

5.4.3 人間工学・交通心理学

ITS のような新技術開発によって交通安全を高めようとする動きに対して，道路交通の主役である自動車・自転車・歩行者などの交通主体は，いずれも「ヒト」の意思にもとづくものであり，こうした人間の持っている特性に否応なく影響されて道路交通システムが成立している，という事実をもっと正面から捉えて交通安全を考えるべきだ，との考え方があります。極論すれば，交通安全も，交通円滑化も，あるいは CO_2 削減のための私たちの行動様式の変更をするかどうかも，社会的なヒトとしての認知・判断・行動特性によって大きく左右されているので，こうしたヒトに対する科学的，客観的な知見を深め，これを体系化してシステム開発や交通計画，交通技術などに結び付けていくことは，大変重要な，しかし大変困難な課題であると考えられています。例えば，普段おとなしく控えめな人がハンドルを握ると突然攻撃的な運転をするようになる，といった話はよく耳にします。こうした人間心理まで考慮して交通安全の向上に結びつけようと考えると，安全だと考えられる仕組みを単に導入しただけでは，うまく機能しないことが十分に想定されるのです。

特に厄介なのは，ヒトにはリスクを避けようとする特性とリスクを取ろうとする特性とが両方混ざり合っている点です。まったく冒険をしないのではヒトは進歩しませんし，だからといって冒険だらけでは命がいくつあっても足りません。例えば自動車を運転しているときにも，ドライバは常にこうしたせめぎあいの中で意思決定，行動をしているものと考えられるのです。

例えば，規制速度に対して速度違反をする場合の意識を考えてみましょう。この場合，確かに法律的には違反行為かもしれませんが，だからといって即座に罰せられるわけではないですし，実際に即座に危ない目に遭うわけではないですから，自らどこまで速度を出してもまだ大丈夫そうかな，という判断をしながら速度を決めているのだろうと思われます。その証拠に，突然シャワーのような豪雨が降ってくれば，誰から強制されたわけでもなく，危険が高まった

ことを意識（あるいは無意識のうちに感知）して，速度を落として走行するでしょう。あるいは，信号の切替りでぎりぎりのタイミングで信号無視をする可能性のある行動を考えてみると，黄信号から赤信号に替わりかけでも，まだ自分と衝突しそうな方向の交通が止まっていると認識すれば，少々無理そうでも進入してしまいます。こうした赤信号無視挙動を減らそうとして，全赤表示の時間を長くする対策をすると，さらにドライバはもっと遅いタイミングであってもまだ行けると考えて，さらに信号無視を助長してしまいかねません。

　このように，安全対策を施行したり，より安全なシステムを導入したりするほど，人間はより危険な行動を取りやすくなり，結局交通事故のリスクはあまり変わらなくなる，という傾向を説明する理論として，リスクホメオスタシス理論と呼ばれるものがあります。

　自動運転技術開発では，一気にレベル4以上の自動運転の実現は容易ではありません。そのため，当面はレベル1，2の導入と普及を目指すことになります。この技術が交通事故削減に有効に寄与するためには，運転者とシステムのインタフェース（Human-Machine Interface: HMI）の適切なデザインが肝要です。特に，高齢者ドライバによる認知・判断ミスや間違った操作をカバーするには，高齢者でも分かりやすいHMIの標準化が必要でしょう。

　なお，レベル4技術で人の移動や物資運搬を支えるサービスが実現すれば，過疎地の高齢者の生活を支えることが期待できます。ただし，6.6節にもあるように，総合都市交通計画の中に自動運転を適切に位置づけないと，モータリゼーションが都市のスプロール化，中心市街地の空洞化，都市活動や公的サービスの低下を招いたことの二の舞になりかねない点には注意が必要です。

　今後の交通安全向上のためには，こうした人間の心理や行動特性などを加味しながら，技術や政策，教育や啓発活動など，多面的な取り組みが求められているものと考えられます。

参考・引用文献
1)　警察庁交通局：平成20年中の交通事故の発生状況

2)　内閣府政策統括官（共生社会生活担当）：交通事故の被害・損失の経済的分析に関する調査研究報告書，2007年

3)　交通工学研究会：道路交通技術必携2007，建設物価調査会，2007年

4)　新谷洋二編著：都市交通計画（第二版），技報堂，2003年

5)　C. A. ペリー，倉田和四生訳：近隣住区論，鹿島出版会，1975年

6)　ブキャナン・レポート　八十島義之助・井上孝共訳：都市の自動車交通，鹿島出版会，1964年

7)　南部繁樹，葛山順一，赤羽弘和，高田邦道：市民参加による面的な交通安全対策の検討，第24回交通工学研究発表会論文報告集，pp.41-44，2004年

8)　南部繁樹，親松俊彦，赤羽弘和，高田邦道：マレーシアにおける市民参加型の交通安全対策プログラムの試行，交通工学，Vol.46，No.3，p.70，2011年

9)　自動車技術会：自動車用運転自動化システムのレベル 分類及び定義，JASO TP 18004：2018 年（https://www.jsae.or.jp/08std/data/DrivingAutomation/jaso_tp18004-18.pdf）

6章 まちづくりへの貢献

交通計画や交通工学の主たる目的は，これまで長い間，「円滑」と「安全」の2大目的でした。「円滑」すなわち自動車が円滑に走行できる道路網形成を目指すという目的を追求してきたことにより，戦後日本の道路網形成ひいては経済成長に大きな役割を果たしてきたことは疑いがありません。また，自動車を前提とせずに成立してきたわが国の市街地に，急激に自動車が入り込んできたことにより，交通事故とりわけ歩行者の事故が急増したことが国家的大問題となり，結果として，「交通安全」に多大の努力が傾注され，大きな成果を挙げてきました。

現在，全ての渋滞が解消したわけでは全くなく，また，交通事故の問題も相変わらず深刻です。従って，これらの目的が小さくなっているわけではありません。

しかし同時に，時代の変化などにより，これら2大目的とは別の目的が，新たに交通に期待されるようになりました。

そのひとつがまちづくりへの寄与です。

自動車偏重の時代から人重視の時代への転換が叫ばれる中，人が楽しく歩き，集える空間や時間を創出するための基盤としての交通を，ハード・ソフトの両面から築いていこうという取り組みが求められています。

6.1 まちづくりと交通

6.1.1 まちづくりへの貢献—交通の新たな役割

賑わいのある都心部をつくりたい，商店街を気持ちよく歩ける場所にしたい，

あるいは，自分たちの住宅地を安全なところにしたい，といったまちづくりに，交通計画や交通工学の考え方や手法が貢献できる。海外事例などを参考にそのような理解が進み，わが国でも具体的な取り組みがみられるようになってきました。

　取り組みの対象は，長期の道路計画から短期の交通規制や公共交通施策まで，多岐に及びます。また，5.3節で紹介したような身近な交通安全から市街地活性化まで，目標も様々です。ただ，いずれの場合でも，地元の住民や商店主などの主体的なかかわりが不可欠という点では共通する部分もあります。最近では，こうした取り組みを交通まちづくりと呼んで，交通の新たな役割と考えることが定着してきました。

　住宅地の交通安全にかかわる交通まちづくりについては5.3で触れましたので，本章では，主に都心部や商店街の交通まちづくりを中心として，考え方や事例を述べることにしましょう。

6.1.2　都心部の交通まちづくりのポイント

　ヨーロッパの街を歩くと，都心部の道路の多くが歩行者専用化されて人々が楽しく歩いていたり，オープンカフェで多くの人がくつろいでいる姿を目にし

写真 6.1　人々で賑わうヨーロッパの都心部

ます。また，LRT や自転車を都市交通の機軸にしているような特徴のある交通システムを作り上げている都市も見られます。このような都心部を作るための交通まちづくりのポイントは，次のようにまとめられます。

(1) 歩行者・自転車空間の形成

ほぼ全ての人にとって最も基本的な交通手段は歩行であり，バリアフリーを含む歩行空間の整備がきわめて重要です。駅の近くの大規模店舗と駅の間を往復するだけでなく，都心部を回遊してもらうためには，モールなど安心して歩ける歩行空間がネットワーク化されていることが望ましいでしょう。

また，自転車のためのネットワークを考えることも重要性が増してきています。自転車の専用空間を確保することは，安心して歩けるという意味で歩行者にとっても大切なことなのです。

(2) 自動車交通流のマネジメント

都心部に必要なのは賑わいであって混雑ではありません。都心の目抜き通りに車が溢れていたり，ましてや通過交通が高速度で通過するような都心部は，決して魅力的とはいえません。ここでも原則となるのはブキャナンレポートの考え方です。環状道路をつくって通過交通をそちらでまかなうといった自動車交通流のマネジメントが欠かせません。

(3) 駐車マネジメント

駐車のマネジメントも不可欠です。ドライバーは駐車場を目指して走っているわけですから，仮に都心部の真ん中に駐車場があれば必然的に自動車が都心部に集中し，混雑を起こしたり歩行空間に悪影響を及ぼしたりしてしまいます。世界の各都市では，フリンジ駐車場といって都心部の外縁部に大規模駐車場を設置したり，パークアンドライド s 駐車場といって，さらに郊外に駐車場を置いて公共交通に乗り換えてもらうなどの工夫が見られます。これまでの駐車政策は，いかにして駐車場を多く作るかという「量」が課題でしたが，今後は，歩行空間や自動車交通流を考慮したうえで駐車場をどこに配置するか，という「質」の問題が重要性を増してくるはずです。

(4) 公共交通システム

全ての人が利用しうる交通手段として，公共交通はきわめて重要な意味を持っていますし，高齢化社会においてはその重要性はますます高まるでしょう。バスやタクシーなどをまちづくりの中で有効に活用することが大変重要です。また，LRT などの新しい公共交通は，うまく使えば都市のシンボルとしての位置づけさえ与えられうるものです。都市の規模や特性に応じて，適切な交通システムをうまく活用することが求められます。

以上の４つの要素は，互いに不可分の関係にあることから，交通まちづくりにおいては，これらをひとつのパッケージにして総合的なプランにすることが必要です。ただしその場合，4.3.6項の最後に述べたことをもう一度思い出して頂く必要があります。日本の場合，このパッケージをひとつの主体，一人の意思決定権者によって意思決定することができません。自治体，公安委員会（警察），公共交通事業者の連携が不可欠であり，そして何より，商業者等の地元関係者の主体的関与がなければ，パッケージ化された施策を実現することはできないのです。

6.2　交通シミュレーションと社会実験—交通まちづくりと合意形成

6.2.1　合意形成のためのツール

交通まちづくりの最大のポイントが全ての関係者の主体的関与であるとすると，そのための議論の場を設けることが不可欠となります。異なる立場や主張を持つもの同士が，互いの思いを理解しあいながら，よりよいまちづくりに向けて議論を積み重ねていく過程は，決して平坦なものではありませんが，それを乗り越えてまちづくりが進展したときの達成感は，それを共有する関係者全てにとってこの上なく大きなものです。

現在では，交通まちづくりを進める際には，住民も参加した協議会等が設置されて，内容を公開しながら議論を進めることが一般的であり，その多くの場合，堅苦しい「会議」ではなく，互いに意見を出し合ったり作業をしたりするワークショップ形式で行うことが多くなっています。その中で，メンバーで一

緒に街歩きをして問題を発見したり，協議会メンバー以外の市民の声を聞くためのアンケート調査を行ったりするような，様々な取り組みが次々に行われることになります。

さて，交通まちづくりには，ある地区での取り組みが周辺地域に大きな影響を与えうる，という非常に大きくかつ重大な特徴があります。目抜き通りをモール化したら周辺道路が渋滞してしまった，などがその典型例です。従って，「全ての関係者」とは，当該地区だけでなく周辺の住民等も含まれることになりますし，さらに広域的な影響を検討するためには，交通工学の手法を駆使した客観的評価も欠かせないことになります。

そのような背景を受けて，交通まちづくりにかかわる取り組みにおいて，いまや欠かせない手法となってきたのが交通シミュレーションと社会実験です。

まず，交通シミュレーションについては，3.4節で解説したとおり，車両1台1台に着目して交通の流れをコンピュータでリアルに再現する手法であり，所要時間などの分かりやすい指標で円滑性を評価できるほか，アニメーション

写真 6.2　ワークショップでの交通シミュレーションの活用例
住民にとって身近な道路網の上を車が走り回る様子をコンピュータで再現し，プロジェクターでそれを見ながら議論を展開

を使って結果を視覚的に表現することで専門家でなくても結果を理解しやすいことから，ワークショップなどの場で活用されるようになっています。交通シミュレーションの普及により，「この道路を通行止めにしたら周辺道路にどの程度の影響があるだろう」といった疑問が生じたとき，科学的・客観的にそれに答えることができるようになったといえます。

　交通シミュレーションによって，周辺への影響等の問題がクリアできることが確認された後は，実社会での検証すなわち社会実験の段階に進むことになります。社会実験は，特にわが国で大きく発展を遂げた手法であり，現在では，交通まちづくりにかかわるほとんどの取り組みにおいて社会実験が行われるようになっています。

　社会実験は，たんに「有効性を実社会で検証する」という意味を超えて，いくつかの優れた性質を持っています。まず，市民を含む全ての関係者が，施策案を体験することにより，説明を聞いたり資料を読んだりするのに比べてはるかに深く理解することができます。そのことにより，施策案に対する評価や改善への提案などが行えるようになります。深い理解に基づく議論が活性化することにより，その地域での交通まちづくりを正しい方向に促進することにつな

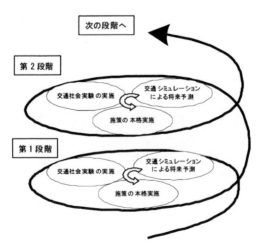

図 6.1　交通シミュレーションと社会実験を活用した交通まちづくりプロセス[2]

がることが期待できるのです[1]）。

　交通シミュレーションをまず行ってから社会実験を実施し，有効性が確認された施策については本格実施を行う，という一連のプロセスがわが国の交通まちづくりにおいて確立されたといってよいと思います。さらに，大規模で複合的な交通まちづくりにおいては，全ての施策を同時に実施することはできませんので，「できるところから」実施することが重要になります。その場合，図6.1に示すように，段階計画を立てて，各段階でこのプロセスを繰り返していくことになります。

6.2.2　さいたま市氷川参道の取り組み

　ここでひとつの取り組みを紹介しましょう。さいたま市氷川参道の取り組みです。古い歴史と高い格式を誇る大宮・氷川神社の参道は，けやき並木で有名である一方で，幅員 6 m の中に， 1 日5000台にも及ぶ通過交通や路上駐車がひしめき，その隙間を人や自転車が通るという，危険極まりない状態になっていました。これに対し，1999年から，官民学協働の協議会が設置され議論が始まりました。

写真6.3　以前の氷川参道

写真6.4　歩車分離された参道中区間

写真6.5　歩専化された参道中区間

表 **6.1**　氷川参道を巡る経緯

これまでの経緯	歩車分離対策
1995 年 「氷川の杜うるおいのあるまちづくり推進協議会」発足	
1999 年　氷川参道に関する「交通計画検討協議会」を旧大宮市が設置	第 1 段階（中区間）
1999 年　交通シミュレーション実施 2000 年 3 月　歩車分離の社会実験実施 2002 年 5 月　歩車分離整備工事竣工	
2004 年　南区間を一方通行化した場合の交通シミュレーション実施 2005 年 3 月　一方通行化社会実験 2007 年 3 月　一方通行化及び歩車分離整備工事竣工	第 2 段階（南区間）
2009 年 7 月　歩車分離整備工事竣工	第 3 段階（北区間）
2014 年　歩行者専用化協議会発足	
2019 年 4 月 25 日氷川参道中区間歩専化	中区間

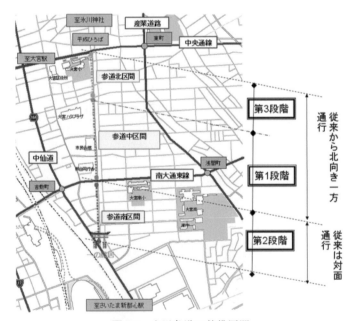

図 **6.2**　氷川参道の整備区間

議論の中でまず行ったのが，氷川参道を通行止めにした場合の交通シミュレーションの検討であり，その結果，「いま氷川参道を通行止めにすると，周辺道路がパンクする」ことが明らかになりました。その結果を住民メンバーも理解し，通行止めについては，近傍に計画されている都市計画道路が完成してから実施することとして，当面は，歩行者・自転車の安全対策や路上駐車対策に取り組むことにしました。そして，表6.1に示すように，「できるところから」，順次歩車分離対策が実施されました。対策の実施にあたっては，交通シミュレーションと社会実験による検証が行われました。

そしてついに，2019年4月25日に，並行する都市計画道路が開通したのに合わせ，中区間の歩専化が実現しました。官民学協働の協議会が設置されてからちょうど20年目のことです。まちづくりには息の長い取り組みが必要です。

6.3　開発に伴う交通への影響評価と対策

6.3.1　都市の開発が交通に与える影響

(1)　近年の都市開発の状況

新たな開発を行う場合，その地域に立地することのできる施設の用途は，都市計画における「用途地域」によって定められています。そして，施設の大きさは，「建ぺい率」と「容積率」によって規制されています。近年，容積率による規制を緩和することを認める条件が多くの地域で導入され，その条件を満たした高密度な開発事例が増えています。例えば，大都市の中心部では，都心回帰を狙った駅周辺などにおいて，住宅やオフィス，ホテルなどを含めた超高層タワーが開発されるなど，敷地規模だけでなく，総延床面積が巨大になっているものが目立つようになっています。また，地方でも，機能が複合化した大規模ショッピングセンターが郊外に立地し，多くの買い物客を集めています。これらの開発は，当初から同じ用s途の施設が立地または計画されていた訳ではないことが多々あります。つまり，従来の土地利用や当初計画を転換するような開発が行われているということです。例えば，鉄道施設跡地や大規模工場・倉庫跡地などにおける土地利用を転換するプロジェクトや，低密な土地利

239

用の既成市街地周辺における高密度な大規模都市開発などが行われています。

　このように，複数用途を集積させ，拠点性や集客性を強化した大規模開発が多くなっており，当該施設や周辺施設の利用者の動きに影響を及ぼしています。

　(2)　開発に伴う交通への影響

　新たな開発が行われると，それに伴った交通需要が派生することになります。開発規模や施設用途などによって交通量は異なりますが，開発前から既に存在している交通に付加されることになりますので，開発地区周辺では，従前よりも交通量が増加し，交通状況が変化します。特に大規模開発が与える影響は大きく，自動車交通に着目すると，直近の交差点や隣接する交差点，IC などを含む周辺の道路ネットワークに影響を与えることになります。さらに，駐車場の容量や出入口の位置などによっては，駐車場の待ち行列や路上駐車が発生し，道路の交通容量が低下してしまう可能性も考えられるため，このような状況を防ぐための対策が求められます。

6.3.2　開発に伴う交通への影響評価

　(1)　我が国の交通インパクトアセスメント（交通影響評価）に関する制度

　このように，新しい開発が行われると新しい交通需要が生じるため，それがどの程度の交通量になるのか，またどの程度の影響を与えるのか，ということを事前にアセスメント（影響評価）する必要があります。そして，新しい開発の区画に接する交差点の構造や交通運用，開発に附置される駐車場の出入交通を処理するための駐車場出入口の構造や交通運用などの検討が行われます。

　大規模な都市開発の場合は，交通面の影響が開発区画を越えた広い地域に及ぶ可能性が高くなります。このような大規模都市開発の場合には，次のような検討や手続きが行われます。

　まず，大規模開発を行うためには，行政から開発許可を受ける必要がありますが，その際に公共施設管理者と協議を行うことが都市計画法において定められています。そのため，周辺道路に与える影響については，その予測方法や評価結果，渋滞対策の内容等に関して事前に道路管理者と協議することになりま

す。その際によく活用されているものの1つとして，国土交通省が発行している「大規模開発地区関連交通計画マニュアル3)（以下，大規模マニュアル）」があります。

　この大規模マニュアルでは大規模都市開発に伴う交通影響の予測方法と，大規模都市開発に際しての交通計画の評価方法が解説されています。交通影響の予測方法の解説では，「施設の発生集中原単位」の基準値が示されています（表6.2，表6.3）。施設の発生集中原単位とは，施設の床面積1 ha 当たりに発生または集中する1日の交通量（発生集中交通量）を表しています。この単位はトリップエンド（Trip End：TE）です。（トリップは3.3節参照）トリップエンドはその名のとおりトリップの端を意味します。1トリップのトリップエンドは2つあります。発生集中交通量は，あるゾーン（あるいは地域や地区）に着目して発生または集中するトリップをカウントしたものですから，トリップの端をカウントすることになりますので，その単位はトリップエンドとなります。さて，この発生集中原単位に開発される総床面積を乗じれば開発による発生集中交通量が予測できます。この開発による発生集中交通量が元になって周辺の道路交通流に与える影響の分析などが行われ，その結果を踏まえて大規模都市開発の関連交通計画※が策定されます。この関連交通計画を用いて，公共施設管理者との協議を行った上，都市計画法に基づく開発許可を受け，建築基準法等に基づく建築確認申請の手続きが行われます。

　さらに，一定規模以上の商業施設が含まれる場合には，大規模小売店舗立地法に基づく協議が行われます。この段階でも商業店舗の出店に伴う交通への影響を評価し，開発に伴う駐車場の必要台数などが決定されます。その際に用いられるのが「大規模小売店舗を設置する者が配慮すべき事項に関する指針（以下，大店立地法指針）」です。

　なお，交通の安全と円滑の確保を担う警察とも随時協議する必要があり，特

※　大規模都市開発の関連交通計画は，1997年6月の都市計画中央審議会答申において，「都市圏レベルの都市交通計画」と「地区レベルの都市交通計画」に並ぶ第三の都市交通計画として位置づけられています。

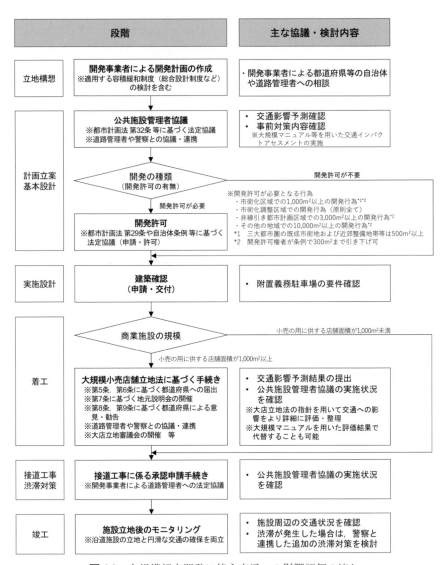

図 6.3　大規模都市開発に伴う交通への影響評価の流れ

6.3 開発に伴う交通への影響評価と対策

表6.2 事務所施設の発生集中原単位の基準値（日交通量)3)

		基準値(TE/ha・日)
一般	都心部	3,800
	周辺部	3,300
単館型	都心部	3,100
	周辺部	2,200

表6.3 商業施設の発生集中原単位の基準値（日交通量)3)

	施設立地都市区分	基準値(TE/ha・日)
平日	三大都市圏中心部	20,600
	三大都市圏郊外部・地方中枢都市	11,600
	三大都市圏周辺部・地方都市	10,600
休日	三大都市圏中心部	21,800
	三大都市圏郊外部・地方中枢都市	18,600
	三大都市圏周辺部・地方都市	16,100

表6.4 大規模マニュアルと大店立地法指針の関係

	大規模マニュアル	大店立地法指針
位置づけ（根拠法）	都市計画法における関連交通計画に関する国の技術的助言「大規模開発地区関連交通計画マニュアル」（法制度に直接組み込まれていない）	大規模小売店舗立地法 第4条「大規模小売店舗を設置する者が配慮すべき事項に関する指針」
関係省庁	国土交通省	経済産業省
公表時期（最新）	平成元年～（平成19年3月改訂）	平成11年～（平成19年2月経済産業省告示16号）
適用対象	・ 延床面積1万m² 以上の商業系開発 ・ 延床面積2万m² 以上の業務系開発 ・ 上記と同程度の交通が発生すると予想されるその他用途，複合開発	・ 小売の用に供する（飲食店を除く）店舗面積が1,000m² 以上の開発
適用時期	・ 開発許可，建築確認より前の事前協議の時期（上流側の開発計画）	・ 開発許可を得た後，具体の出店計画を作成する時期（下流側の出店計画）
主な内容	○関連交通計画の検討 ・開発地区における発生集中交通量の予測 ・交通手段別の発生集中量の予測 ・周辺道路への影響予測（都市計画道路，地区道路） ・駐車場への影響予測（駐車需要，進入路付近の状況） ・公共輸送機関への影響予測 ・ターミナル・アクセス歩道への影響予測	○駐車需要の充足等交通に係る事項 ・駐車場の必要台数の確保 ・駐車場の位置及び構造等 ・駐輪場の確保等 ・自動二輪車の駐車場の確保 ・荷さばき施設の整備等 ・経路の設定等 ○歩行者の通行の利便の確保等 ○防災・防犯対策への協力 ○騒音，生活環境，街並みづくり等への配慮 など
関係性	大規模マニュアルを用いた関連交通計画の内容で，大店立地法指針を用いた検討内容を包含できる項目については，代替可能	

に開発許可を受ける前の協議や渋滞対策などの場面において実施されています。

　こうした交通影響評価は，国土交通省が平常時・災害時を問わず安定的な輸送を確保する道路として指定した「重要物流道路」においても求められるようになっています。「重要物流道路」の沿道に大規模施設が立地する場合の影響評価や対策について検討を行う「道路交通アセスメント」の具体的な評価・分析手法やモニタリングの考え方が，技術運用マニュアル4)等に整理されています。

(2)　交通への影響を評価する技術

　交通への影響（インパクト）を評価するタイミングが開発計画の初期段階である場合，居住人口や従業人口などについては，大抵は明確になっていない段階であるため，それらを説明変数にした交通量予測は困難です。そのため開発計画の初期段階で確定している施設の用途やその床面積を交通量予測の説明変数とする延床面積当たりの発生集中原単位を用いて交通量を予測することになります。延床面積当たりの発生集中原単位は，業務系，商業系，住宅系などの用途や都市の規模，駅からの距離などの条件ごとに，過去に蓄積された調査データに基づいて設定された大規模マニュアルの基準値を用いることにsなります。

　複数の用途で構成される複合開発を対象として発生集中交通量の予測を行う場合は，用途別の床面積に応じた交通量の総量を予測する必要があります。複合開発の場合は，例えば事務所エリアと商業エリアを往来するなど，開発地区外に出ない交通（内々交通）も存在するため，単独用途で立地する施設の交通量の総量として単純に加算してしまうと，開発地区全体の発生集中交通量（周辺からの出入り交通量）よりも過大推計になってしまう恐れがあります。このため，大規模マニュアルにおいては，事務所と商業施設からなる複合開発に関して，商業系床面積の比率が一定規模以上の場合に適用する交通量の低減率が参考値として示されています。

　また，交通インパクトとしては，1日の交通量だけでなく，交通が集中する

時間帯の影響を評価する必要があります。交通量の時間分布は，用途によって異なりますが，各用途の標準的な時間集中率の値を用いて予測することが一般的です。時間集中率とは，1日の交通量に対する1時間の交通量の比率のことであり，1日における時間集中率が最大となる時間帯をピーク時間帯（ピーク時），このときの時間集中率をピーク率といいます。時間帯別の評価をする際には，ピーク時を対象とすることになりますが，施設の用途によって，ピーク時間帯は異なります。また，既存の交通量（周辺地域の交通量）のピーク時間帯は，必ずしも施設のピーク時間と一致しませんので，それらの交通量の総量がピークとなる時間帯について評価することが必要となります。複合施設の場合は，用途別にピーク時間帯が異なるので，各用途のピーク時交通量を単純に足し上げてしまうと，過大推計となってしまう可能性があります。この場合は，各用途の複数の時間帯の交通量を推計し，開発地区全体としてピークとなる時間帯を把握し，計画検討を行う必要があります。

　地区内外の道路の交通状況を評価する際には，交差点解析が行われるのが一般的です。この交差点解析（2.4節参照）ではピーク時の交差点方向別交通量が必要となりますが，これは交通量配分手法を用いて推計される交通量が元になっています。ところがこの交通量配分によって推計される交通量は一般に1日単位の交通量ですから，時間変動や時々刻々変化する交通情況は表現されていません。1日単位の交通量の予測結果を用いても施設周辺の交通状況についての分析が十分にできない可能性があります。このため，道路ネットワーク上において時々刻々と変化する交通状況を表現し，渋滞などの評価も可能となる動的な交通シミュレーションを適用することが可能であると大規模マニュアルに記載されており，実務でも適用が増えています。交通シミュレーションを活用した交通計画の検討については3.4.4項を参照してください。

　(3) **諸外国における交通インパクトアセスメント（影響評価）の例**

　交通インパクトアセスメントは，国によって制度や考え方が異なり，法律や行政の組織体系もそれらが反映されたものになっています。

　例えば，厳格な都市計画コントロールを持つと言われるドイツやオランダな

どでは，計画の初期段階において開発を厳密に制限しているため，その後の段階での交通インパクトアセスメントを必要としていません。

アメリカや韓国では，交通インパクトアセスメントが相当厳密に制度化されています。アメリカでは，世界に先駆けて，交通インパクトアセスメントを制度化し，詳細なゾーニング規制や駐車場設置基準が運用されています。評価結果に基づく対策までも制度化している州・自治体が多く見られ，影響の程度に応じて開発者に負担金を課し，それを活用して交通対策なども行われています。アメリカの制度を模範とした韓国においても，厳格な交通影響評価制度が運用されており，施設用途別の延床面積に応じた交通誘発係数（わが国の発生集中原単位に当たるもの）や交通誘発負担金が定められています。交通誘発負担金は，床面積に用途別の交通誘発係数と単価を乗じることで算出されるもので，開発者ではなく，床の所有者が固定資産税のように毎年支払うものです。一方で，一定の条件を満たした交通影響評価を行った施設や自動車通勤の抑制等の TDM 施策を実施している事業所に対して負担金の減免も定めています。なお，徴収した負担金は自治体の交通事業特別会計に組み入れられ，当該施設周辺に限定せず，公共交通整備など交通事業全般に支出されることも特徴的です。

6.3.3　交通影響評価に関する対策と課題

(1)　交通への影響の評価結果に関する対策

交通影響評価（インパクトアセスメント）による周辺交通への影響分析の結果から，必要と考えられる交通対策が立案されます。例えば，周辺地域における交差点改良や道路整備，交通規制の変更，駐車場への動線検討，鉄道駅の改良を含む歩行者動線の検討など，多様な対策について検討することになります。

交通対策の検討では，開発事業者と地方公共団体とが密に連携し，地域におけるより良い交通環境の実現を図ることが重要となります。大規模マニュアルでは，交通施設計画上の配慮事項として，「各種交通施設の計画に際しては，開発地区のみならず，周辺地域の利便性の向上等に資するような方向で計画されることが望ましい」と記載されています。

　また，自動車の負荷が小さい地域において過剰な駐車場を作らなくて済むように，駐車場の附置義務基準を緩和する地域ルールを導入している例や，対象地区全体で駐車需要に対応できれば良いという考え方のもとで駐車スペース設置数の軽減や集約設置を認める地域ルールを導入している例など，地域の交通の実情に合った弾力的かつ柔軟な対策が認められるようになっています。

(2) 交通影響評価の制度や対策に関する課題

　開発に伴う交通インパクトの評価や対策を行う際には，様々な課題が生じています。例えば，開発敷地外での対策が必要となる場合の費用負担者の決定や，同一地区における開発時期のずれによって求められる対応の違い（開発時期が遅くなり，混雑が顕在化した後に新たに行われる開発の方が厳しい対策が求められる）などが挙げられます。また，大店法の指針に基づく駐車場必要台数と自治体が定める駐車場の附置義務条例に基づく駐車場台数が整合していない場合があることへの対応など，諸制度の関係を整理し，各主体が連携することが求められます。さらに，下流側の段階における交通影響の評価結果を踏まえて上流側にフィードバックし，上流側での計画内容を見直した上で，十分な対策を講じることができるようなシステム作りも必要といえます。技術面でも，事後評価などによる発生集中原単位の精度向上や交通シミュレーションによる評価手法の確立などが求められます。

6.4　歩行者・自転車を重視した交通体系

6.4.1　歩行者について

(1) 交通まちづくりと歩行者

　徒歩は，人が生活する中で行う全ての移動に必ず伴う交通手段です。そのため，「最も基本的な」交通手段と言えます。

　人が安全，安心に生活するためには，最も基本的な交通手段である徒歩での移動が安心，安全であることが必要になります。そのため，高齢者や身障者を含む全ての人が歩くための空間である歩行者空間の設計が重要になります。

　近年は，安全で安心な歩行空間が増えると，多様な人々が行き交い，出会

い，集うことが容易となり，次のような効果が期待できることから，歩行者を重視したまちづくりがより一層注目されています。

【歩行者空間確保の効果】

・まちなかを歩く人が多くなるため，まちが賑わいます。

・歩く機会や距離が増えることで，健康の維持，増進に役立ちます。

・（自動車を使っていた人が歩くようになることで）環境にやさしいまちになります。

・まちなかや住宅地の中で，人と顔を合わせる機会が増えることで，地域コミュニティの人のつながりが強くなります。

・まちなかや住宅地の中で，人で賑わう空間が増えることで，犯罪が起こりにくくなります。

　こうした歩行者を重視したまちづくりの重要性に対する認識の高まりによって，道路空間に求められる機能が，自動車の安全，円滑な通行を重視するものから，歩行者の通行や滞留を重視する方向へと変化してきています。このような認識が高まっていることについては，バイパス等の幹線道路の整備が進んだことや市街地の郊外化等によって，中心市街地の自動車交通量の減少や街なかの空洞化，衰退が進んだことから，人を中心としたまちづくりの機運が高まっていることも影響していると考えられます。歩行者を重視した街なかの形成にあたっては，路線単位で歩行者空間を考えるのではなく，ある一定のまとまりをもった地区単位で安全で快適な歩行者空間を創り出すことが重要になります。地区単位で歩行者空間を考える場合は，安全の確保はもちろん，地区の中をめぐりやすくするために歩行者空間の連続性を高めたり，快適に移動できるようにすることも重要になります。

　(2)　歩行者のための施策

　(a)　歩行者空間の確保

　歩行者空間整備の施策としては，歩道の整備等のほか，歩行者専用ないし優先の空間を作ることなどがあげられます。

　歩行者専用ないし優先の空間は，モールと呼ばれることもあります。モール

表6.5　各種のモール

モールの種類	特色	バリエーション
フルモール	車両の原則乗り入れ禁止	・曜日（毎日か週末のみか） ・時間帯（全時間か午後のみか） ・規制除外車両（緊急車両，沿道関係車両，物流車両，など）
トランジットモール	フルモールの中にバスなどの公共交通車両の通行は認めるもの	
セミモール	一方通行化などにより歩行者空間を拡大	

写真6.6　旭川平和通り買物公園

1960年代，旭川市のメインストリートである平和通は多くの交通事故が発生していました。多発する交通事故から歩行者を守り，買物等を楽しめる空間を創るため，複数に渡る歩行者天国化の社会実験を経た後，1972年にわが国初の歩行者専用空間（フルモール）として整備されました。

には，表6.5に示すようなタイプのものがあります。

　フルモールは，自動車やバス等の車両の進入を制限し，歩行者専用の道路（空間）を整備するものです。日にちや時間を限って導入するいわゆる歩行者天国という手法も多く使われています。

　トランジットモールは，バイパス等の街なかを迂回するための幹線道路の整備と併せてメインストリートなど人が集まる空間に一般自動車の進入を制限する一方で，歩行者空間の確保と，街なかへの公共交通のアクセス性を確保するため，歩行者と，路面電車やバスなどの公共交通だけが通行できるようにする歩行者空間（モール）です。

表6.6　わが国におけるトランジットモールの事例

社会実験（特定日実施）	恒久実施
浜松市（1999年） 福井市（2001年） 那覇市（2001～2004，2006年） 京都市（2007年） 富山市（2017年） 岐阜市（2019年）	金沢市横安江町商店街（1999年～） 萩市田町商店街（2000年～） 前橋市銀座通り（2002年～） 那覇国際通り（2007年～） ＊毎週日曜日の午後に実施 姫路市大手前通り（2015年～）

金沢市横安江町商店街の
"金沢ふらっとバス"　　　LRTによるトランジットモール
（ストラスブール，フランス）

写真6.7　トランジットモールの例

一方通行化により歩道を広幅員化
（ホーシャム，英国）　　　コミュニティ道路
（豊新地区・大阪市）

写真6.8　セミモールの例

ヨーロッパの多くの都市では，LRTを活用したトランジットモールが導入されており，非常に印象深い都市景観を作り出しています。

　セミモールの定義は必ずしも明確ではありませんが，自動車の通行は認めるものの，歩道幅員を広く取ることなどにより，歩行者がゆっくり歩けるように工夫した道路の総称といえます。多くの場合，5.3節で解説した交通静穏化手法も併用されます。既存の道路をセミモールに改造するための方法として，2車線道路を1車線の一方通行道路に変えて，残った空間を歩行者空間にあてる，ということがよく行われます。このような道路を，日本ではコミュニティ道路と呼ぶこともあります。

　(b)　憩える空間の創出

　安全に，安心して街なかや住宅地を歩きやすくするためには，歩行者が通行するための空間だけでなく，滞留し，憩える空間を創ることが不可欠です。そのためには，歩行者空間の沿道に小さな公園を整備したり，ベンチやテーブルを設置したりすることで，歩行者が一息つけるようにします。世界的に広く普及しているオープンカフェも，わが国でも導入されるようになっています。

　歩行者にとって快適な道路空間を造るためには，さらに多面的な取り組みが求められます。例えば，植栽帯や花壇等を置くことにより，道路の環境や景観が大きく改善されます。また，地域に由来するキャラクターやちょっとした芸術作品を思わせる像やオブジェ等のストリートファニチャを置いたりして，「さらに歩いてみよう」と感じられるユニークなみちづくりに取り組んでいるところも少なくありません。

　沿道の建物等との景観的な統一感も重要です。例えば，地域の人と連携して，塀を生け垣に変えるなどにより，快適に歩ける空間を創出している例があります。

　(1)で述べたような道路空間に求められる機能，すなわち利活用へのニーズの変化を背景として，より魅力的な道路空間を創造する機運が高まっています。その目指す方向としては，歩いて楽しめ，憩える道路空間の構築です。

　このような状況の中，2020年5月に道路法が改正され，賑わいのある道路空間を構築するための道路の指定制度が創設されました。この道路を「歩行者利便増進道路（通称 "ほこみち"）」といいます。

写真 6.9　大阪府大阪市北地区にあるオープンカフェ
（大阪市・グランフロント大阪)[5]

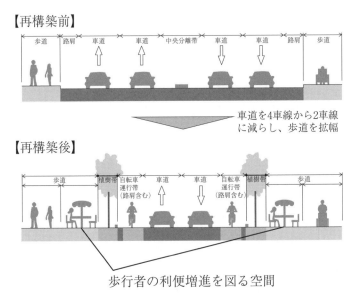

図 6.4　歩行者利便増進道路（ほこみち）の断面構成のイメージ[6]

　この歩行者利便増進道路においては，歩道等の中に「歩行者の利便増進を図る空間」を定めることが可能となりました。この道路では，すべての人が安全で円滑に通行できる幅（歩行者の通行の用に供する空間）を確保した上で，歩行者の滞留の用に供する空間を定め，必要に応じて，歩行者利便増進施設を設

けることができるようになっています。歩行者利便増進施設とは，ベンチや広告塔，食事施設などが含まれます。オープンカフェのような設備も含まれます。また，指定された歩行者利便増進道路では，オープンカフェのような設備による道路の占用をより柔軟に認める仕組みや，民間の創意工夫を活用した空間づくりが可能となる仕組み，最長20年の占用を可能として初期投資の高い施設の参入をしやすくする仕組みなどが導入されています。それから，この歩行者利便増進道路が，高齢者や障碍者も含むすべての人が安全で使いやすい道路構造とするために，バリアフリー等の観点からも道路構造令が改正されています。

　図6.4は，歩行者利便増進道路の断面構成の1つのイメージとなりますが，これまで車道になっていたところを歩道や植樹帯，自転車通行帯に変更する「道路空間の再構築」を行う場合も想定されています。こうした道路空間の再構築を行う際には，交通管理者（警察）や地元商業関係者，地元住民より，交通の安全性と円滑性を確保する観点や，商業活動への影響への懸念，これまで慣れ親しんだ道路の使い方が変わることへの抵抗感などから，反対を受け，難しい協議，調整が必要となることが往々にして見られるのがわが国の現状です。

　道路空間の再構成を進めながら，人が中心の歩いて楽しい，憩える歩行者空間を形成していくには，こうした関係機関や道路利用者に対して，これから目指していく街の将来像を示し，客観的なデータや分析結果を用いながら，冷静な議論を粘り強く行っていく，そしてなぜこうした取り組みが必要で有効なのかを理解し，納得してもらうことが重要です。

6.4.2　自転車について

(1)　交通まちづくりと自転車

　自転車は，近距離では他の交通手段と比べて最も早く移動できる交通手段であり，環境にやさしく，経済性に優れ，健康づくりや災害時の移動手段としても有効な交通手段です。

　自転車保有台数は2000年ごろまで年々増加し，それ以降は横ばい傾向が続い

ています。自転車の普及状況は自動車と同程度となっています（図6.5）。

　一方で，法制度上の位置づけの問題から走行空間の確保が遅れ，自転車利用者の安全性が確保されているとは言い難く，歩行者や自動車から"邪魔もの"扱いされているのが現状です。近年では，市町村が通行空間の整備計画を作成し，その計画に基づき，歩行者と分離された自転車通行空間の整備が進められています（図6.6，図6.7）。その一方で，自転車関連事故全体が減少しているにも関わらず，自転車対歩行者の事故件数は横ばいであり，自転車と歩行者との事故対策が必要となっています（図6.8，図6.9）。

　また，昭和50年代に社会問題になった放置自転車については，自転車等駐車場の整備や放置自転車撤去により，順調に減少してきましたが，駅前や中心市街地の歩道上などに多くの放置自転車が残っており，歩行者の妨げとなったり，まちの景観を悪化させる問題も依然として残っています（図6.10）。

　(2)　自転車のための交通計画を考える上での留意点

　(a)　ネットワークの連続性の確保

　自転車の走行空間は，つながってこそ快適に自転車を利用することができます。そのため，自転車通行空間のネットワーク形成が重要な課題となります。

　形成すべきネットワークのあり方や規模は，都市や地域によって大きく異なります。例えば，通勤や通学の自転車が多い都市では，住宅地から駅や学校，中心市街地を結ぶネットワークが必要でしょうし，観光都市では駅等の交通拠点から観光スポットを結ぶ必要があります。

　どのようなネットワークを形成するにしろ，自転車が通行しているときにネットワークが途切れないような配慮が必要です。自動車や歩行者と錯綜しやすい交差点内の通行位置明示や，単路部の路上駐車を避けた通行空間の確保は，ネットワークの連続性だけでなく，安全に通行できる環境づくりとして非常に重要なポイントになります。最近では，交差点内の自転車通行位置を明示する矢羽根型路面標示（写真6.10）や，自転車通行位置に配慮した路上駐車スペースの設置（写真6.11）も進められています。

6.4 歩行者・自転車を重視した交通体系

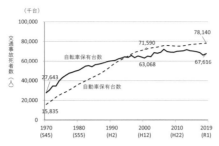

図 6.5 自転車保有台数の推移[7]

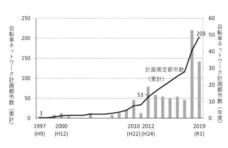

図 6.6 自転車ネットワーク計画策定数[8]

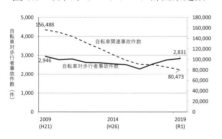

図 6.8 自転車対歩行者事故件数の推移[9]

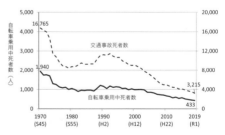

※車道混在：路肩のカラー化や矢羽・自転車マークを設置すること

図 6.7 整備形態別の整備延長[8]

図 6.9 自転車乗用中死者数の推移[9]

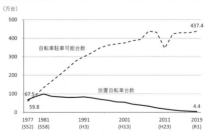

図 6.10 放置自転車台数の推移[10]

255

(b)　駐車空間の確保

　自転車の駐車空間については，主に自転車ネットワーク上の主要なルートを考慮し，歩行者が多い箇所や放置自転車が問題になる箇所において，駐輪場等を整備することが重要です。鉄道利用者や駅周辺の従業員の長時間利用や，買い物客の短時間利用等，ニーズに応じた駐輪環境の充実が求められます。

　ただし，駐輪場の整備は重要ですが，用地の確保の問題等から簡単に進められるものではありません。そこで最近では，道路空間のデッドスペースや余裕のある歩道等，公共空間を活用した駐輪ラックの設置が進められています。ま

写真 6.10　交差点内の矢羽根型路面標示の例
（札の辻交差点・東京都港区）

写真 6.11　自転車通行位置に配慮した路上駐車スペースの例
（盛岡市・内丸6丁目付近）

写真 6.12　公園を利用した地下型駐輪場の例
（大森駅水神口・東京都大田区）

写真 6.13　自転車道と一体的な駐輪場の例
（旦過橋南・北九州市）

た，市街地が密集している場所では，駅前広場や公園の地下を活用した機械式駐輪場や立体型駐輪場の整備も見られます（写真6.12）。

最近では，歩行者・自動車と錯綜をしない，自転車通行空間と一体的に整備された駐輪場の整備（写真6.13）や，IC タグを用いたノンストップ自動ゲートによる契約自転車管理等，より快適に利用できる駐輪場の設置が進んでいます。

自転車は気軽に使える交通手段だけに，自転車を利用して向かう目的は多岐に渡り，集まる台数も数台〜数百，数千台と幅が大きく，全て行政が整備することが困難になっています。そのため，自治体の自転車駐車場附置義務条例の制定により，施設の規模に応じた駐輪施設設置の義務付けが進んでいます。

(c)　ルールの周知，マナーの向上

秩序ある道路空間の利用を促進するためには，自転車走行空間の整備にあわせて自転車利用者に車道や歩道における通行方法やルール，マナーの周知活動が重要になります。特に子供や高齢者，自動車の運転免許未取得者など，通行ルールを学ぶ機会の少ない人を対象に重点的に活動する必要があります。

最近では，自転車通行空間に通行ルールの看板を設置したり（写真6.14），地域の NPO 法人が街頭でルール・マナー向上キャンペーンを行う等の取り組み（写真6.15）が見られます。また，自転車事故による被害軽減や高額賠償へ

写真 6.14　通行ルールを示す看板[11]
（金沢市）

写真 6.15　NPO 法人によるルール・マナー啓発12)
（NPO 法人 ezorock・札幌市）

写真 6.16　ヘルメット着用義務
化の周知13)
（愛媛県）

写真 6.17　自転車損害賠償保険
義務化の周知14)
（兵庫県）

の対応として，自転車利用者に対するヘルメット着用や保険加入を義務付ける
自治体が見られるようになってきました（写真6.16，写真6.17）。

　(d)　その他自転車活用推進に向けた取り組み

　平成29年5月に施行された自転車活用推進法において，走行空間や駐輪場の
確保，ルール周知に加えて，シェアサイクルや観光，健康等，自転車の活用を

総合的・計画的に推進していく基本方針が示されています。

　自転車活用の総合的な推進のために重要なことの1つとして，自転車利用者への情報提供が重要です。例えば，自転車が走りやすい道路・注意すべき道路，駐輪場や放置自転車禁止区域，自転車修理店等を地図に示した自転車マップの作成や配布・ホームページにより情報提供を行っていくことが重要です。

　また，最近では，新たな自転車の利用形態としてシェアサイクルが普及しています。まちなかに設置されたサイクルポートで，自由に貸出・返却ができる自転車のシェアリングサービスで，気軽に自転車を利用することができます（写真6.18）。都市内の回遊性が向上し，鉄道やバス等の公共交通と組み合わせることで，さらなる移動の利便性向上が期待できます（写真6.19）。

写真 6.18　駅出入り口のサイクルポート
　　　　　　（豊洲駅・東京都江東区）

写真 6.19　鉄道とシェアサイクルの一括
　　　　　　経路案内15)
　　　　　　（mixway・ヴァル研究所）

写真 6.20　国際的なサイクリングルート
　　　　　　（しまなみ海道）

写真 6.21　駅直結型のサイクリング拠点
　　　　　　（りんりんスクエアの例）

その他，サイクリングやポタリング（自転車を使った散策）等，自転車による観光増進・サイクルツーリズムによる地域活性化の取り組みを進める自治体も見られます（写真6.20，写真6.21）。また，自転車通勤等による健康増進に取り組む企業や，災害時の状況把握に機動性の高い自転車を活用する自治体も見られるなど，様々な分野での自転車活用が展開されつつあります。

6.5　中心市街地の総合的な交通まちづくり

6.5.1　なぜ中心市街地の交通まちづくりなのか

(1)　なぜ中心市街地なのか

衰退が叫ばれる地方都市の中心市街地を活性化するために，「交通」が貢献できる可能性があります。ところで，なぜ中心市街地を活性化する必要があるのでしょうか。

まちの中心である中心市街地には，商業，業務，行政，居住などの都市機能が集積し，長い歴史の中で文化や伝統が育まれてきました。中心市街地に人々が集まり，出会い，交流することで新たな価値，芸術，文化が生まれ，それがまた人々を惹きつける役割を果たしてきました。民間や行政の長年の投資によって，商業施設，事業所，公共公益施設や，道路・歩道，公共交通などのストックが蓄積しているため，市民や事業者はまとまった都市サービスを享受することができます。その上で培われてきた文化や伝統と相まって，まちのアイデンティティとなっています。

市民にとって中心市街地はそのまちの代表として誇りや愛着を持つ対象であるとともに，来訪者にとってはまちの玄関であり，中心市街地はまさに「まちの顔」です。まちが元気で魅力的であるために，その顔である中心市街地が魅力的で楽しく，快適で賑わいのある地域であることが重要です。

(2)　中心市街地を取り巻く現状と課題

近年のモータリゼーションの進展によって，市民の移動はクルマが中心となり，多くのまちはクルマ利用に便利な都市構造となってきました。居住地は，中心市街地から離れてはいるがクルマ利用に便利な地域に拡散し，郊外には広

大な駐車場を持つ大規模商業施設が立地するなど，市民の暮らしは郊外化しています。相対的に，中心市街地の魅力が低下し，中心市街地の居住人口の減少，中心市街地への来街者の減少につながり，その結果が，中心市街地の衰退が叫ばれる現在の状況です。このままでは，まちのアイデンティティも喪失されてしまいます。

歩いて楽しい中心市街地は，クルマで移動しやすい郊外よりも，環境負荷の低減に貢献します。多様な都市機能が高密に集積する中心市街地は，高齢者にも暮らしやすい生活環境を提供できます。長年の投資によって中心市街地に蓄積した都市ストックを有効活用することで，地方都市の厳しい財政制約の下で，効率的な都市経営が期待できます。つまり，まちが持続可能であるために，中心市街地が鍵を握っているといえます。

このように，「まちの顔」である中心市街地に人を呼び戻し，賑わいのある中心市街地を創出し，暮らしやすいまちをつくることが課題となっています。

(3)　中心市街地の交通まちづくり

歩行者中心の中心市街地

クルマ中心の中心市街地では，交通渋滞や排気ガスによって快適な環境は得られませんし，多くのクルマが中心市街地に集まってくると，中心市街地に道路整備や膨大な駐車場の整備が必要となってしまいます。

中心市街地の交通まちづくりで大事なことは，中心市街地に質の高い歩行者空間を確保し，快適にまちを歩けるようにすることです。歩行者を中心に考え，より行動範囲が広くなるコミュニティサイクルを活用したり，歩行を補助するLRTやBRTなどの公共交通を導入したりして，回遊性を高めることもまちの賑わいのために効果的です。かつては，中心市街地においても自動車交通量が多く，歩行者のための道路空間の確保が難しい状況がありましたが，近年の人口減少や郊外化等を背景に中心市街地の自動車交通量は減少傾向にあることから，車道を中心とした道路空間を歩行者中心へと再編しようという動きが活発化しています。国土交通省が，居心地が良く歩きたくなるまちなかの形成を目指し，ウォーカブルなまちづくりにチャレンジする自治体を募集した

261

ウォーカブル推進都市には319団体（2021年11月30日現在）の賛同が得られており，国をあげた大きな動きとなっています。

　また，中心市街地に来やすいように，中心市街地にアクセスする公共交通の充実や，郊外にクルマを置いて公共交通に乗り換えて中心市街地まで行けるP&R（パーク・アンド・ライド），中心市街地の歩行者空間の縁辺部にクルマを駐車するフリンジパーキングの推進なども，あわせて取り組むことで効果が高まることが期待できます。

交通が中心市街地の活性化に貢献

　ここで，交通まちづくりが中心市街地の活性化に貢献している事例を見てみます。国土交通省の調査では，クルマで中心市街地に来るよりも，公共交通や自転車で来たほうが，都心での滞在時間や立ち寄り箇所数が多いという結果が出ています（図6.11）。これは，クルマで来ると，駐車料金や駐車場所等を気にする必要があるため，目的の施設に駐車してその施設だけを利用しすぐに帰ってしまうことが多いのに対し，公共交通で来ると，降りてから目的の施設まで行く間，また戻る間にも他の施設に立ち寄ることが多いためと考えられます。

　沖縄県那覇市では，平成14年にトランジットモールの社会実験が実施されました。トランジットモールを実施した日は，実施のない日と比較して，来街者が倍増しており，まちの活性化に貢献することが分かりました。また，横浜市で平成12〜13年度に実施されたP&C（パーク・アンド・サイクル）社会実験では，自転車利用者の行動範囲が徒歩よりも広がり，訪問施設数が約3倍に増えたという効果が得られています。P&Cは，街にクルマで来て駐車場に置き，そこから自転車を借りて街を回遊するシステムです。

　富山市では，平成18年4月にLRTが開業しました。国土交通省と富山市の調査によると，LRTの開業前後で都心部の歩行者数が1.7〜1.8倍に増えました（図6.12）。また，LRTの開業が新たな外出機会を創出しているという結果もあり，交通がまちの賑わいの向上に貢献しているということができます。

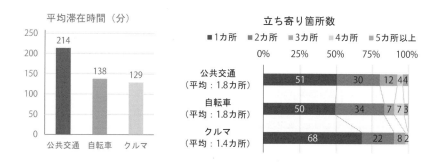

図 6.11 岡山市中心部の来街手段と滞在時間および立ち寄り箇所数[16]

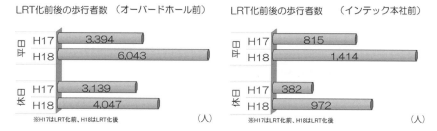

図 6.12 LRT 開業前後における富山市中心部の歩行者数の変化[17]

6.5.2 パッケージアプローチによる交通まちづくり

(1) パッケージアプローチ

それでは，中心市街地の総合的な交通まちづくりでは，どのような施策を実施すればよいのでしょうか。また，それをどのように計画するのが効果的でしょうか。

ひとつの大事な考え方は，様々な施策を個別に行うのではなく，相互に補完し相乗効果の期待できるハード施策やソフト施策を組み合わせる「パッケージアプローチ」によって取り組むことです。それから，単に組み合わせるだけでなく，施策が効率的に効果を発揮するために，施策展開プログラムを策定して，適切な実施順序で実行することも大切です。

263

表 **6.7**　都心部の交通まちづくり施策パッケージ例

機能	施策 （例）
つなぐ	中心市街地へアクセスする公共交通のサービスアップ
	＋　P&R （パーク・アンド・ライド） 駐車場の整備
	＋　自転車走行空間・駐輪空間の確保
	＋　フリンジ駐車場の設置・誘導
	＋　中心市街地を囲む環状道路の整備
めぐる	歩行者専用道路・連続的歩行空間の確保
	＋　自転車走行空間・駐輪空間の確保
	＋　シェアサイクル・レンタサイクルの活用
	＋　トランジットモールの整備・補助的な公共交通の導入
	＋　中心市街地をめぐる循環バスの導入
	＋　自動車流入規制
	＋　物流動線計画 （時間・空間の限定化など）
	＋　交通エリアマネジメント
憩う・楽しむ	歩行者の滞留空間・広場の整備
	＋　フリンジ荷捌き駐車場
	＋　ポケットローディング

(2) つなぐ・めぐる・憩う・たまる

　中心市街地の交通は，「アクセス＝つなぐ」，「回遊＝めぐる」，「滞在＝憩う・楽しむ」の3つの機能の組み合わせで考えることができます。施策パッケージの一例を，この3つの機能別に示したものが表6.7です。

　「つなぐ」機能の例は，公共交通や自転車で中心市街地に来やすくするとともに，クルマが中心市街地に流入しないようにする施策の組み合わせです。「めぐる」機能の例は，快適な歩行者空間，自転車走行空間の創出と，物流も含めた自動車の流入や動線の規制，その実効性が上がるように地域が一体で取り組む交通エリアマネジメントの組み合わせです。「憩う・楽しむ」機能の例は，歩行者が快適に滞在できる広場空間や，歩行者と交錯しない物流の工夫の組み合わせです。

　これらの他にも，中心市街地をめぐりやすい場所に公共交通の停留所を設置することや，公共交通の乗り継ぎをしやすくするための料金体系の工夫，中心

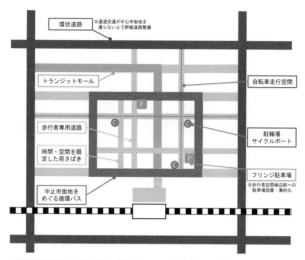

環状道路を整備して中心市街地に用事の無いクルマを中心市街地から排除します。その内側ではトランジットモールや歩行者専用道路など歩行者空間を整備し，人が中心の街なかにするとともに，中心市街地をめぐれる循環バスを導入します。また，中心市街地に用事の有るクルマは，歩行者空間の縁辺部に設置するフリンジ駐車場に誘導し，歩行者との交錯を生じないように配慮します。荷さばきは，歩行者等との輻輳が生じないように時間や空間（場所）を限定して対応します。自転車走行空間や駐輪場を整備して自転車でも来やすくします。

図 6.13　中心市街地に快適な歩行空間を確保する施策
　　　　　　パッケージ例

市街地での暮らしと交通のすべての支払いを一体化する IC カードの活用，公共交通の利用を促進するためのモビリティ・マネジメント，スマートフォン等のアプリケーションで目的地までルートや交通手段の検索・予約・決済を行える MaaS（Mobility as a Service）など，相乗効果の高い施策を組み合わせて取り組むことが大切です（図6.13，図6.14）。

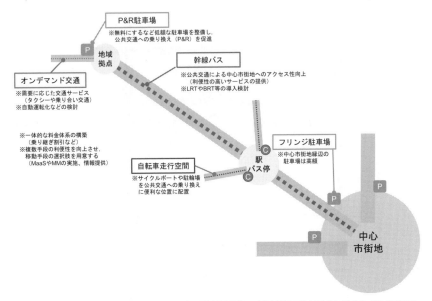

公共交通軸では幹線バスやBRT，LRT等のサービス水準の高い公共交通を提供し，中心市街地にアクセスしやすくします。駅やバス停には，サイクルポートや駐輪場を整備するとともに，郊外の地域拠点の駅ではP&R駐車場や，需要に応じて運行するオンデマンド交通を提供し，郊外に住む人も公共交通を使いやすくします。公共交通への乗り継ぎ割引等で運賃面でも使いやすくします。

図 6.14　中心市街地への快適な公共交通アクセスを確保する施策パッケージ例

(3)　交通だけではまちは活性化しない

　このような立派な施策パッケージを計画し実行したとしても，交通面での取り組みだけではまちは活性化しません。当然のことながら，行きたいと思わせる魅力的な施設や建物，歩きたいと思わせるまちの景観形成やアーバンデザイン，地域の魅力を高めつつ外向けに発信するエリアブランディングなど，中心市街地のまち自身の魅力を高める努力も不可欠です。中心市街地における様々な取り組みをバランス良く総合的に講じることで地域の魅力が高まり，その結果として人々が集まり，賑わいのあふれる中心市街地に変わることが期待されます。前述のMaaSの中で街なかの飲食やイベント参加，文化施設の入館なども含めて検索・予約・決済をできるようにして，移動と街なかの活動を一体化し，まちを活性化することも考えられます。

　また，まちの郊外化に対抗するためには，立地適正化計画等と連携して中心

市街地へのアクセスの良い公共交通軸に居住や商業，業務などの都市機能を誘導することや，郊外への大型商業施設などの立地を制限する土地利用規制など，土地利用に関する計画や施策との連携が大事となります。

6.5.3 実現に向けた取り組み

(1) まちづくりのプレイヤーの協働

中心市街地の交通まちづくりを進める上で留意すべきことのひとつは，多様な関係者（プレイヤー）の存在です。ゾーンシステムをはじめとする総合的な施策パッケージを展開していくと，例えば，図6.15のような数多くのプレイヤーが関係してきます。それぞれのプレイヤーは立場や考え方が異なるため，お互いが持っている情報や価値観を認識，あるいは共有できていないことが多いでしょう。

例えば，環状道路やトランジットモールから構成するゾーンシステムの整備を考えてみます。中心市街地への来街者や交通事業者，行政は，それによって快適な中心市街地が実現できると期待します。しかし，トランジットモール沿道の商業者は，もともとクルマで店の前まで来ていた客を失ってしまうという

分類	関連するプレイヤー（例）
地域	一般市民（都心への来街者）
	地元住民，自治会
	地元商業者，商店会
	NPO
専門	大学，学識経験者
	研究機関
実務	交通事業者（公共交通の運行）
	警察（交通管理者）
	行政（道路管理者）
※	コンサルタント

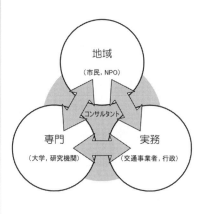

図 6.15 都心部の交通まちづくりに関連するプレイヤー

懸念を持つかもしれません。地元のまちづくり組織は，トランジットモール化と相乗効果が期待されるオープンカフェ等の賑わい活動を，トランジットモール化を目指す場所とは異なる場所で独自に取り組みを進めてしまうかもしれません。また，警察は，トランジットモール内で公共交通と歩行者が交錯し，交通の安全性が低下することを問題視するかもしれません。

　このように，それぞれの異なる立場や価値観を持つ多様な主体がいる中で，中心市街地の交通まちづくりを進めることは簡単なことではありません。重要なのは，異なる価値観を持つ主体が，地域の課題や目指すべき将来像を共有し，お互いを理解した上で，協力・協働して交通まちづくりを進めることです。その際に重要な役割を担うのが，コンサルタントです。コンサルタントには，交通まちづくりに関わる専門技術やノウハウを提供することに加え，地域，専門，実務の3者それぞれの立場や考え方の違いを埋めて協力・協働を進めるコーディネータの役割が期待されます。この重要な役割を担うコンサルタントの人材育成は，交通まちづくりの課題です。

(2)　まちづくりの展開プロセス

　中心市街地の交通まちづくりでは，まず，中心市街地の将来像を明確化し，それを関係者間で共有化し，そして，モニタリングと計画の見直しを繰り返しながら，その目標に向かって進めていくことが重要です。こうした考え方は，「戦略的アプローチ」と呼ばれます。

　長期的な計画には，前提とした社会経済状況の変化や，新たな問題・課題の表面化など，様々な不確実性が存在します。このため，施策を実施した結果を点検・評価し，目標が十分に達成されない場合や施策が計画通りに実施できない場合には，施策の見直し・改善を柔軟に実施していく（PDCAサイクル）ことで，計画のリスクを軽減することができます（図6.16）。

　このように，新たな課題の出現や計画の見直しもあり得ることから，パッケージで実施する施策や実施順序に意味がある施策を考慮しつつも，施策実施のチャンスを捉えて「やれるところからやる」という柔軟な取り組みが必要といえます。また，特に施策の実現に長期を要する場合には，多様な関係者の間で

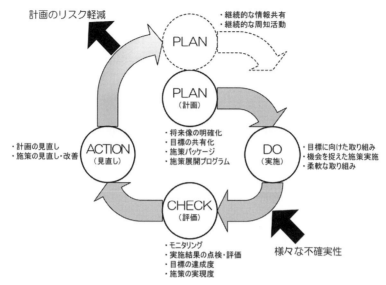

図 6.16 まちづくりの展開プロセス（PDCA サイクル）

当初に共有したはずの本来の目標が，時間の経過に伴って薄れてしまうことのないよう，継続的な情報共有，周知活動が求められます。

6.6 都市の構造と都市交通計画

6.6.1 土地利用と都市交通の連携

市街地が形成され土地利用が進んでいる都市では，自宅から勤務先や通学先，買い物先などへの移動や産業活動に伴う業務交通など，大量の移動が生じます。都市において道路や公共交通などの交通網が整っていなければ，移動に時間がかかったり，交通混雑や渋滞が発生するなど，生活利便性が低い街になってしまいます。渋滞が発生すれば，経済損失や環境負荷の増大の恐れもあります。市街地開発を行う場合に，それに伴う交通量の増加に見合った道路網整備や交通対策が行われなければ，こうした問題が生じることになります（6.3.1参照）。

また，市民の生活を支える公共交通は，その沿線の居住人口が計画通りに増

加しなかったり，人口流出によって市街地が空洞化すれば，利用者が減少し，経営が悪化する恐れがあります。逆に，沿線の市街化を誘導し，居住人口や就業人口を増やすことができれば，公共交通利用者が増加し，都市活動とそれに伴う移動も活発化します。

　都市においては，このように土地利用と都市交通が相互に影響を及ぼしながら都市の様々な活動が営まれています。住みやすい街にするには，こうした土地利用と都市交通の関係を踏まえて，それぞれの計画や政策が連携していることが重要です。

6.6.2　コンパクトな都市構造の形成

(1)　低密な市街地の問題，公共交通の危機

　わが国では，1.2でも述べたとおり，戦後の高度経済成長期から近年に至るまで，クルマ利用を前提とした低密度な市街地が形成されてきました。2000年代初頭に人口減少時代に入りましたが，低密な市街地のままに人口減少が進めば，歯抜けの市街地，スポンジ化した市街地が形成され，インフラの維持管理も含む様々な行政サービスの効率性が低下し，都市の経営が立ち行かなくなることが懸念されます。地域の公共交通はクルマの普及も相まって利用者が減少傾向にあり，厳しい経営状況にありますが，歯抜けの市街地が拡大すれば，さらに採算性が悪化し，サービス水準の低下と利用者減少を繰り返す負のスパイラルがさらに強まり，ついには廃止に至る恐れがあります。

　公共交通は，クルマを運転できない子供や高齢者などの重要な移動手段であるとともに，クルマと比較して環境負荷が小さく，乗降の前後に歩行を伴うことから健康増進にもつながります。公共交通で街に来た人は，クルマ利用者と比較して，街なかでの立ち寄り施設が多く，滞在時間が長い等，街の賑わい向上にも貢献するというデータもあります。このようなメリットを踏まえて公共交通を中心とした持続可能なまちづくりを推進することが重要です。

(2)　コンパクトな都市構造の形成に向けた取り組み

　こうした問題意識から，クルマに依存することなく，徒歩や公共交通等を使って生活できるように，公共交通沿線に都市機能が集約したコンパクトな都市

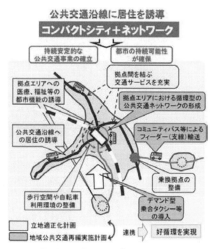

図 6.17　コンパクト・プラス・ネットワークのイメージ[18]

構造の形成の重要性が改めて認識されるようになっています。コンパクトな都市構造を形成することにより，交通だけでなく，健康，医療，福祉，環境，財政などの様々な分野においても持続可能性が高まることが期待できます。

　コンパクトな都市構造の形成のためには，公共交通沿線への居住を含む都市機能の誘導や，公共交通の利便性向上，中心市街地や沿線市街地における歩きやすさやめぐりやすさ，憩える空間としての質の向上など，土地利用と都市交通の両面の取り組みが重要となります。公共交通の利便性向上としては，運行本数の維持・増加や公共交通間の乗り換えのしやすさの向上，3.4で紹介したMaaS（Mobility as a Service）といったICT技術を活用した利用しやすさ向上など，総合的に取り組むことが重要となります。

　国は，人口減少・高齢化が進む中で，地域の活力を維持し，安心して暮らせるよう，公共交通と連携してコンパクトなまちづくりを進める「コンパクト・プラス・ネットワーク（図6.17）」を推進しています。具体的には，公共交通沿線や地域拠点に居住，商業，医療，福祉等の都市機能を誘導し，集約する立地適正化計画制度と，まちづくりと連携して公共交通ネットワークを再構築す

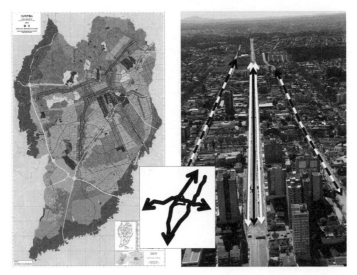

ブラジルのクリチバ市では，6本の都市軸から成る都市マスタープランを策定し，集約型都市構造の形成を進めています。都市軸では，中央にバス専用走行レーン（写真黒線），その周りに地区内道路（写真白線）と高密度な複合用途地区，その外側に幹線道路と急行バス路線（写真黒点線）を整備しています。

図6.18　ブラジル・クリチバ市のゾーニングと都市軸の概念図，都市軸沿道への都市機能誘導の状況[19)20)]をもとに作成

る仕組みの，土地利用と都市交通の両面の取り組みで推進しています。

　海外の事例としては，ブラジルのクリチバ市の都市マスタープランに基づくまちづくりが有名です（図6.18）。

　新しい技術の適用に当たっては注意すべきこともあります。

　近年は，自動走行技術の発展が目覚ましく，近い将来，自動運転システムが主体となった車両が普及することになるでしょう。自動運転車両の普及が社会に及ぼす影響については，ポジティブな意見とネガティブな意見があります。都市構造への影響について言えば，通勤先や買物先など移動の目的地から遠いところに居住することの費用が低下し，自動車を運転できない人でも自由に活動できるため，居住地の選択がコンパクト化に逆行し，低密度な市街地が拡大する可能性が指摘されています。こうした議論から，自動運転車両を第一に適用すべき領域としては，幹線的なバス路線や中心市街地を循環するバス，郊外

住宅地や中山間地の生活交通路線などのバス交通とすることが考えられます。
路線バスは，運転手不足が深刻化しつつあり，自動運転車両への期待も高まっ
てきています。自動運転車両の導入への過渡的な車両として，グリーン・スロ
ー・モビリティ（GSM：Green Slow Mobility)※の導入も考えられるでしょう。

　こうした新しい技術の適用にあたっては，都市構造や公共交通への影響を十
分に検討したうえで推進することが重要です。

参考・引用文献
1) 太田勝敏編著：新しい交通まちづくりの思想，鹿島出版会，1998年
2) 五反田八紘，福田匡宏，椎名主税，中野英明，久保田尚，坂本邦宏：「交通シュミレ
ーション・社会実験・本格実施」サイクルに関する事例研究～大宮氷川参道周辺地区ま
ちづくり～，第32回土木計画学研究発表会，2005年
3) 矢島隆他：大規模都市開発に伴う交通対策のたて方－大規模開発地区関連交通計画マ
ニュアル（14改訂版）の解説，一財）計量計画研究所，2014年
4) 国土交通省道路局：重要物流道路における交通アセスメント実施のための技術運用マ
ニュアル，2019年8月
5) 国土交通省道路局：道を活用した地域活動の円滑化のためのガイドライン-改訂版－，
平成28年3月
6) 国土交通省道路局環境安全・防災課：歩行者利便増進道路（ほこみち）の制度リーフ
レット
7) 社団法人自転車協会資料（自転車1970～2008），㈶自転車産業振興協会（自転車
2009～），自動車検査登録情報協会（自動車）
8) 国土交通省：自転車の活用推進に向けた有識者会議資料，令和2年9月18日より作成
9) 警察庁：道路の交通に関する統計
10) 国土交通省：駅周辺における放置自転車等の実態調査の集計結果，令和2年3月
11) 国土交通省・警察庁：安全で快適な自転車利用環境創出ガイドライン，平成28年7
月
12) NPO法人ezorock：NPO法人ezorock，ホームページ
13) 愛媛県教育委員会：高校生自転車交通マナー向上対策事業，ホームページ
14) 兵庫県：「自転車の安全で適正な利用の促進に関する条例」について，ホームページ
15) 株式会社ヴァル研究所：複合経路検索サイト「mixway」，ホームページ
16) 国土交通省都市局都市計画課都市計画調査室：スマート・プランニング実践の手引
き【第2版】（2019.9）を基に筆者作成
17) 富山市：富山港線LRT化の整備効果調査結果について，2007

※　電動で，時速20km未満で公道を走ることが可能な4人乗り以上の小型車両。

18)　国土交通省都市局都市計画課：立地適正化計画作成の手引き，令和2年9月改訂

19)　クリチバ都市計画調査研究所：https://ippuc.org.br/leizoneamento/LEI%2015511-2019/MAPA_1_ZONEAMENTO_20000.pdf

20)　クリチバ市都市交通局：https://www.urbs.curitiba.pr.gov.br/transporte/rede-integrada-de-transporte

索　引

276

278

〈著者略歴〉

久保田尚（くぼた ひさし）（編者）
1958年横浜市生まれ。1982年横浜国立大学工学部土木工学科卒業。1984年東京大学大学院工学系研究科都市工学修士課程修了。1988年東京大学大学院工学系研究科都市工学博士課程修了。工学博士。同年より埼玉大学助手。同専任講師，助教授を経て，2005年4月より埼玉大学教授。専門は地区交通計画，都市交通計画。

大口 敬（おおぐち たかし）（編者）
1964年三鷹市生まれ。1988年東京大学工学部土木工学科卒業。1990年同大学院修士課程，1993年同博士課程修了。博士（工学）。同年より株式会社日産自動車交通研究所勤務。1995年東京都立大学講師，助教授，首都大学東京（大学改組）准教授，教授を経て，2011年4月より東京大学教授。専門は道路工学・交通工学。

髙橋勝美（たかはし かつみ）（編者）
1968年石巻市生まれ。1991年筑波大学社会工学類都市地域計画専攻卒業。1993年東京大学大学院工学系研究科都市工学専攻修士課程修了。同年より㈶計量計画研究所研究員。2011年同研究部次長。2012年より仙台市役所勤務。2007年から2013年まで東京大学まちづくり大学院特別講師。2009年東京大学工学部非常勤講師。技術士（総合技術監理部門，建設部門）。専門は都市交通計画。

石神孝裕（いしがみ たかひろ）
1977年静岡県島田市生まれ。1999年東京工業大学土木工学科卒業。2001年同大学院総合理工学研究科人間環境システム専攻修了。2016年同博士後期課程単位取得満期退学。2017年博士（工学）。技術士（総合技術監理部門，建設部門）。2001年より一般財団法人計量計画研究所研究員，都市・地域計画研究室長を経て，2018年より都市地域・環境部門長。専門は都市交通計画，地域計画。

稲原 宏（いなはら ひろし）
1983年さいたま市生まれ。2006年東京理科大学理工学部土木工学科卒業。2008年東京理科大学大学院理工学研究科土木工学専攻修士課程修了。同年より一般財団法人計量計画研究所研究員。2019年より主任研究員，グループマネジャー。専門は都市計画，交通計画，環境計画。

井上紳一（いのうえ しんいち）
1966年品川区生まれ。1996年東京工業大学工学部土木工学科卒業。1998年東京工業大学大学院理工学研究科土木工学専攻修士課程修了。同年より2020年まで一般財団法人計量計画研究所研究員。専門は都市交通計画，道路交通計画。

加藤昌樹（かとう まさき）
1974年浜松市生まれ。1996年東京大学工学部都市工学科卒業。1998年同大学院工学系研究科都市工学専攻修士課程修了。同年より株式会社日本総合研究所勤務。2005年より一般財団法人計量計画研究所勤務。技術士（総合技術監理部門，建設部門）。専門は都市交通計画，交通工学。

小嶋　文（こじま あや）
1983年調布市生まれ。2006年埼玉大学工学部建設工学科卒業。2008年同大学院理工学研究科博士前期課程修了。2010年同博士後期課程修了。博士（学術）。同年より国土交通省国土技術政策総合研究所研究官。2011年埼玉大学理工学研究科非常勤研究員，2012年埼玉大学助教を経て，2016年4月より同准教授。専門は地区交通計画。

佐野　薫（さの　かおる）
1975年喜多方市生まれ。1998年宇都宮大学工学部卒業。2000年同大学院工学研究科修士課程修了。2008年同博士課程修了。博士（工学）。2000年より株式会社ライテック入社，2005年より2010年まで一般財団法人計量計画研究所への出向を経て，2013年退社。同年より株式会社建設技術研究所入社。技術士（道路）。専門は道路計画，都市交通計画。

須永大介（すなが だいすけ）
1973年那覇市生まれ。1997年東京大学工学部都市工学科卒業。博士（工学）。技術士（総合技術監理部門，建設部門）。同年より一般財団法人計量計画研究所勤務。交通まちづくり研究室室長を経て，2020年4月より中央大学理工学部助教。専門は都市交通計画。

高砂子　浩司（たかさご こうじ）
1976年盛岡市生まれ。1999年日本大学農獣医学部畜産学科卒業。2005年より一般財団法人計量計画研究所の専門情報員。2007年同研究所の研究員。2017年同研究所の主任研究員。認定都市プランナー。専門は都市交通計画。

平見憲司（ひらみ けんじ）
1972年呉市生まれ。1995年東京理科大学理工学部建築学科卒業。1997年東京理科大学大学院理工学研究科建築学専攻修士課程修了。同年より2014年まで一般財団法人計量計画研究所研究員（都市・地域研究室，交通まちづくり研究室）。専門分野は，交通まちづくり。

福本大輔（ふくもと だいすけ）
1978年恵庭市生まれ。2001年埼玉大学工学部建設工学科卒業。2003年同大学院理工学研究科修士課程修了。同年より一般財団法人計量計画研究所交通政策研究室研究員。都市交通研究室主任研究員，都市地域・環境部門GMを経て，2019年同部門担当部門長。2020年4月より東北事務所次長を兼務。技術士（建設部門都市及び地方計画，道路）。認定都市プランナー（交通計画）。専門は都市交通計画。

改訂新版

読んで学ぶ交通工学・交通計画

2010年4月22日　　初版第1刷発行
2022年3月30日　　改訂新版発行

検印省略

著作者　久保田　　尚
　　　　大　口　　敬
　　　　髙　橋　勝　美

発行者　柴　山　斐呂子

発行所

理工図書株式会社

〒102-0082　東京都千代田区一番町27-2
　　　　　　電話03（3230）0221（代表）
　　　　　　FAX03（3262）8247
　　　　　　振替口座　00180-3-36087番
　　　　　　https://www.rikohtosho.co.jp

Ⓒ 久保田尚，大口敬，高橋勝美 2022　Printed in Japan　　ISBN978-4-8446-0913-1
印刷・製本：藤原印刷株式会社